Die Hundeschule

Nicole Röder

Beschäftigung & Fitness

für fröhliche und gesunde Hunde

Müller Rüschlikon

Impressum

Einbandgestaltung: R2 I Ravenstein, Verden

Titelbild: ©Zuzanna Paluch/Shutterstock.com

Bildnachweis: Anna Kleber: S. 52, 53, 94
Alle übrigen Fotos stammen von Nicole Röder.

Alle Angaben in diesem Buch wurden nach bestem Wissen und Gewissen gemacht. Für einen eventuellen Missbrauch der Informationen in diesem Buch können weder die Autorin noch der Verlag oder die Vertreiber des Buches zur Verantwortung gezogen werden. Eine Haftung für Personen-, Sach- und Vermögensschäden ist ausgeschlossen.

Dieses Buch wurde nach den geltenden Vorschriften der General Product Safety Regulation (GPSR) entwickelt. Bei Fragen oder Problemen wenden Sie sich bitte an den Verlag unter folgender E-Mail-Adresse: gpsr@paul-pietsch-verlage.de

ISBN 978-3-275-02342-4

Postfach 103743, 70032 Stuttgart
Ein Unternehmen der Paul Pietsch Verlage GmbH & Co. KG

1. Auflage 2025

Sie finden uns im Internet unter www.mueller-rueschlikon-verlag.de

Lektorat: Petra Krivy | Claudia König
Innengestaltung: r2 | Ravenstein, Verden (Aller)
Druck und Bindung: DZS Grafik d.o.o., 1210 Ljubljana
Printed in Slovenia

Folgen Sie uns für mehr Infos zu unseren Hundebüchern auf:

www.instagram.com/muellerrueschlikon.hund

www.facebook.com/muellerrueschlikonverlag

INHALT

Vorwort

Um gesund und fröhlich durch ein möglichst langes Hundeleben zu laufen, brauchen unsere Vierbeiner nicht nur ihr »tägliches Brot«, sondern auch ein gutes Maß an körperlicher und geistiger Beschäftigung. Denn genau wie bei uns Menschen, gehört auch beim Hund zur Gesunderhaltung von Körper und Geist die entsprechende Betätigung. Wer rastet, der rostet - das gilt fürs Hirn genauso wie für den Körper. Um fit und gesund zu bleiben, sollte der Hund schon in jungen Jahren lernen, wie er seinen Körper ausbalancieren kann und dass seine Hinterbeine nicht nur zum Gasgeben da sind - so hat er in seinem Leben ein deutlich geringeres Verletzungsrisiko im Alltag und Hundesport. Das Kennenlernen und sichere Bewältigen verschiedener Untergründe, sowie das Training geistiger Fähigkeiten, um Probleme zu lösen und Langeweile entgegenzuwirken, helfen dabei, aus dem Vierbeiner eine gelassene, selbstbewusste und umweltsichere Persönlichkeit zu machen.

Alle Vierbeiner, ob sie nun Höchstleistungen in einem der vielen Betätigungsfelder des Hundesports zeigen sollen oder »nur« als munterer Familienhund durchs Leben gehen, profitieren von gutem Muskelaufbau, solider Körperbeherrschung, ordentlicher Grundkondition und einem gewissen Maß an Problemlösungsfähigkeit.

Und der ältere Seniorhund, dessen eigen motiviertes Aktivitätslevel naturgemäß weniger wird, der seinen Körper lieber etwas schonen möchte und kleinere, aber völlig normale Verschleißerscheinungen überspielen und durch Schonhaltungen kompensieren muss, dem tut es besonders gut, wenn seine Muskeln so gut wie möglich erhalten bleiben. Je beweglicher der Hund Zeit seines Lebens gehalten wurde, umso später zeigen sich bei ihm überhaupt körperliche und mentale Alters- und Ausfallerscheinungen.

Körperliche Übungen, um den Hund fit und gesund zu erhalten, sind aber nur ein Bestandteil des vorliegenden Buches. Bei allen vorgestellten Trainingsideen geht es immer auch darum, den Hund geistig anzuregen und eine gute Balance aus Konzentrationsaufgaben und physischer Fitness herzustellen.

Alle besprochenen Übungen sind für ein breites Spektrum an Hunden durchführbar. Von jung bis alt, untrainiert bis sportlich und klein bis groß. Sollte es spezielle Anpassungen für eine besondere Gruppe an Hunden geben, wird dies gesondert erwähnt. Die Übungen können beliebig miteinander kombiniert und passend für den eigenen Hund variiert werden. Letztlich soll hier auch die Kreativität des Menschen angestoßen werden.

Damit man das ganze Jahr über und vor allem auch sehr flexibel auf Reisen mit dem Hund arbeiten kann, gibt es nicht nur Ideen für Fitness und Beschäftigung, die im Haus und mit nur wenig Vorbereitung durchgeführt werden. Viele Trainingsideen sind sehr gut geeignet, um sie in freier Natur auszuprobieren. Daher widmet sich ein Kapitel den tollen Möglichkeiten, die jeder auf seiner täglichen Spazierrunde durch Wald und Flur vorfindet - so wird der Gassigang zusätzlich um die Komponenten »Denksport« und »Körperbeherrschung« erweitert.

Sie sehen: Es ist für jedes Mensch-Hund-Team das Passende dabei. Und nun: Viel Spaß beim Lesen und Ausprobieren.

Ihre Nicole Röder

Ein gesunder Geist wohnt in einem gesunden Körper

Den Hund gesund zu erhalten bedeutet nicht nur, dass man seine Grundbedürfnisse wie Fressen, Trinken und die Möglichkeit zu ruhigem und sicherem Schlaf gewährleistet. Entwurmen, Impfen und der Besuch beim Tierarzt, wenn es nötig ist, sind Maßnahmen, die selbstverständlich sein sollten, aber auch längst nicht ausreichen, um einen Hund glücklich zu machen und ihn vor allem gesund zu erhalten. Regelmäßige und ausreichende Bewegung ist das, was für den Hund und seinen Körper essenziell ist. Der Hund ist ein Raub- und Lauftier, das über einen hohen Bewegungsdrang verfügt, dem man gerecht werden sollte. Rasseabhängig kann das natürlich mehr oder weniger sein, weshalb man sich bereits vor Anschaffung des Hundes intensiv Gedanken darüber machen sollte, ob man dem jeweiligen Vierbeiner wirklich gerecht werden kann. Bewegung hilft dabei, den Hund im Gleichgewicht zu halten. Sie sorgt dafür, dass der Hund seine Energie abbauen kann, seine Sinne beschäftigt (indem er z.B. Duftspuren untersucht) und seinen natürlichen Entdeckerdrang ausleben kann. Spaziergänge in der Natur sprechen die Sinne des Hundes an, helfen dabei, ihn auszulasten und sorgen dafür, dass sein Körper beweglich bleibt. Regelmäßige Bewegung ist wichtig, um das Körpergewicht zu regulieren und hilft dabei, Muskeln aufzubauen und alle Gelenke funktionell zu erhalten. Und wer einen fitten und leistungsfähigen Körper hat, der möchte natürlich auch mental stimuliert werden - denn das eine geht mit dem anderen einher. All diese Punkte gelten für Hund und Mensch gleichermaßen - also rein in die Sportschuhe und ab zum Spaziergang.

Mens sana in corpore sano (ein gesunder Geist in einem gesunden Körper) - das wussten schon die alten Römer. Gehen wir es also an!

Wie hängen Beschäftigung, Erziehung und Fitness zusammen?

Dass ein Hund erzogen werden muss, damit er zu einem angenehmen Begleiter heranreifen kann, ist für die meisten Hundehalter*innen eine Selbstverständlichkeit. Doch Sitz, Platz und an lockerer Leine zu gehen sind längst nicht alles, was der Vierbeiner lernen kann und sollte. Um die grauen Zellen ein wenig auf Trab zu bringen und dadurch glücklich und ausgelastet zu sein, bedarf es schon ein bisschen mehr. Je nach Hundetyp und Rasse sogar um einiges mehr.

Um den Spaziergang aufzupeppen, braucht es gar nicht viel.

Nasenarbeit, Apportierspiele, Denkaufgaben – solche und ähnliche Aufgaben sind es, was wir dem Hund bieten sollten und was eine Vielzahl an Hunden auch regelmäßig braucht, um wirklich aktiv und glücklich durchs Leben zu gehen. Natürlich soll der treue Gefährte nicht 24/7 bespielt, bespaßt und gefordert werden – aber jeden Tag nur 3 x 20 Minuten um den immer gleichen Block zu laufen, ist eben auch nicht »das Gelbe vom Ei«. Was zählt, ist das gesunde Mittelmaß, die Ausgewogenheit von geistiger und körperlicher Beschäftigung, das Wechselspiel von neuen und altbekannten Aktivitäten und Lerneinheiten.

Gemächlich auf Signal hinterher – das schont die Gelenke und schult die Impulskontrolle.

Wer seinem Hund die Signale der Grunderziehung beibringt, der fordert anfangs sein Köpfchen und seine Konzentration. Sobald der Hund diese Signale aber in sein Repertoire aufgenommen hat, verlieren sie ihren anregenden Charakter: Er muss nämlich nicht mehr nachdenken, bevor er sie ausführt, sondern sie laufen sozusagen automatisch ab. Um nun diese bekannten Signale wieder etwas spannender zu gestalten, kann man sie in verschiedene Beschäftigungsideen integrieren. So wird aus einem einfachen Platz vielleicht die Aufgabe, sich hinzulegen, zu warten, bis der Mensch zu einem Baum gegangen ist, und dann auf Signal hin zu eben diesem Baum zu flitzen, um sich die versteckten Leckerchen zu erschnüffeln. Und schon haben wir den Hund aufs nächste Level der Grunderziehung gehoben (Platz, Bleib, Impulskontrolle), haben für eine auslastende Beschäftigung (Suchen und Finden und dabei die Nase einsetzen) gesorgt und je nach örtlicher Beschaffenheit auch ein schönes Fitnesstraining eingebaut (aus dem Platz loslaufen als Gymnastikübung und je nachdem, wo die Leckerchen versteckt sind, muss der Hund sich strecken, bücken und diverse Untergründe berühren und ertasten).

Erziehungseinheiten und Beschäftigung sind in meinen Augen per se nicht zu trennen, denn immer, wenn man sich die Mühe macht, seinem Hund ein neues Element der Grunderziehung beizubringen, wird er mental und körperlich stimuliert. Und alle Fitnesseinheiten, die wir bewusst mit und für unseren Hund gestalten,

Erst zwischen den Beinen des Menschen »einparken« ...,

... dann aus der ungewohnten Position ins Platz ...

... und dann vertrauen und liegen bleiben.

beinhalten immer auch Elemente der Grunderziehung und sind stets auch eine schöne geistige Beschäftigung. Das eine geht also nicht ohne das andere und alle diese Elemente gehen Hand in Hand. Das heißt wiederum: Je mehr wir uns mit dem Hund beschäftigen, umso besser wird er auf uns achten und auf unsere Signale reagieren. Das wiederum kommt dem zugute, was wir unter Erziehung verstehen. Es ist also ratsam, regelmäßig mit dem Hund neue Beschäftigungs- und Fitnessideen auszuprobieren, da sie dem Hundekörper guttun und ihn geistig beanspruchen, zusätzlich unterstützen diese Übungen auch viele Aspekte der Grunderziehung und verbessern nachhaltig die Beziehung und Bindung zwischen Hund und Mensch.

Es gilt: Jede gemeinsame Aktivität von Mensch und Hund ist ein Grundstein für eine vertrauensvolle Bindung, die so immer weiter wächst und immer stärker wird.

Warum sind Aufwärmen und Runterkühlen nicht nur für Sportler essentiell?

Bevor aber nun voll motiviert durchgestartet wird und der Hund wie wild über Stock und Stein, bergauf und bergab in neue Abenteuer geschickt wird, bedarf es noch einiger Worte zum richtigen und vor allem gesunden Ablauf jeder Trainings-, Übungs- und/oder Beschäftigungseinheit. Die Gelenke des Hundes müssen aufgewärmt und auf die nächsten Bewegungen vorbereitet werden. Egal, ob es sich dabei um ausgefeilte Fitnessübungen, hundesportliche Trainingseinheiten oder das Toben mit dem Hundekumpel beim Spaziergang handelt. Der Hund sollte bitte niemals einen Kaltstart hinlegen.

Toben macht Spaß. Aber bitte nie ohne Aufwärmen.

Häufig sieht man, dass Hundemenschen sich mit ihren Vierbeinern zum gemeinsamen Gassi verabreden und die Hunde leinenlos aus dem Auto gelassen werden. Sofort fangen sie an, sich fröhlich zu balgen und in einem Affenzahn über die Wege zu jagen. Das macht Spaß, das macht müde, das begeistert Hund und Mensch - aber das ist in dieser Form leider sehr ungesund für Gelenke, Sehnen und Muskeln. Vielfach kommt es bei solchen Aktionen zu mikroskopisch kleinen Verletzungen im Gewebe, die zwar auf den ersten Blick keinen Schaden erkennen lassen, sich aber im Laufe der Zeit zu echten Problemen auswachsen können. Und nicht wenige Hunde kommen humpelnd vom Toben mit dem Hundekumpel zum Menschen zurück - was im besten Falle nur auf eine leichte Zerrung, im schlimmsten aber auf einen Knorpel-, Sehnen- oder Bänderschaden zurückzuführen ist. Ohne vorheriges Aufwärmen wird der Bewegungsapparat plötzlich und ohne Vorbereitung einer hohen Belastung ausgesetzt. Ist der Muskel noch in lockerem, entspanntem Zustand, kann er die Gelenke nicht stabilisieren. Aus diesem Grund sollte man jeglicher körperlichen Aktivität zumindest ein kurzes Aufwärmprogramm voranstellen, dass einmal alle Muskelgruppen und Gelenke durchbewegt und auf die kommenden Aktivitäten vorbereitet.

Besonders vor sportlichen Höchstleistungen heißt es: Warm-up!

Bitte nicht zu viel hiervon.

Wichtig

Das Warm-up kann man auch hervorragend dazu nutzen, den Hund mental auf die nachfolgende Beschäftigung vorzubereiten. Präsentieren Sie ihm sein Leckerchen oder Lieblingsspielzeug und sobald Ihnen seine volle Aufmerksamkeit gehört, schwören Sie ihn mit den immer selben Worten auf die folgende Aktivität ein.
Zum Beispiel: »Na, Lust auf Agi?«, »Na, Lust auf Suchen?«, »Na, Lust auf Dogdancing?« etc. Ihrer Fantasie sind bei den Begrifflichkeiten keine Grenzen gesetzt. Wichtig ist aber, dass die Worte immer gleich sind und damit zuverlässig ankündigen, was als Nächstes passieren wird.

Aufwärmübungen haben aber nicht nur den unschlagbaren Vorteil, dass sie der Gesunderhaltung des Hundes dienen (was allein genommen natürlich schon der Beste aller Gründe sein sollte). Sie sind ein perfektes Mittel, um den Hund auf seinen Menschen zu konzentrieren und dabei zu helfen, die Zusammenarbeit und Teambildung zu unterstützen. Außerdem sind die nachfolgenden Übungen alleine schon eine tolle Methode, um den Hund mental und körperlich ein wenig zu fordern.

Grundlegende und spezielle Aufwärmübungen

Prinzipiell gilt beim Aufwärmen, dass die Übungen in Tempo und Intensität nach und nach gesteigert werden. Das heißt, dass man von langsam zu schnell vorgeht. Die schnellen Übungen sollten dann spezifisch auf die nachfolgenden Hauptbewegungen der Betätigung, für die man aufwärmt, zugeschnitten sein und schließen das Warm-up ab. Danach geht es dann ins eigentliche Training bzw. den eigentlichen Bewegungsablauf.

Rituale sind wichtig. Easy weiß, was gleich gearbeitet wird.

Tipps für spezifische Aufwärmeinheiten

Das Minimum für ein Warm-up sollte immer aus den Grundelementen Gehen (geradeaus und im Kreis) und leichtem Traben (geradeaus und im Kreis) bestehen. Hieran anschließen sollten sich noch 2–3 weitere Komponenten, die man je nach Bedarf aus den vorgestellten Möglichkeiten auswählen und selbstverständlich beliebig erweitern und variieren kann. Die einzelnen Elemente sollten sich an der darauffolgenden Aktivität orientieren. Das heißt: Wer den Hundekörper aufs Agility oder bevorstehendes Toben mit den Hundefreunden vorbereiten möchte, der sollte kurze, schnelle Bewegungen und enge Wendungen einfließen lassen, also zum Beispiel Drehungen um die eigene Achse u.Ä.

Langsames Hineinkommen in die Bewegung. Gut für Mensch und Hund.

Grundelemente: Schritt und Trab

Das Warm-up beginnt immer mit dem langsamen Schritt für ein paar Minuten – und hier meine ich wirklich ein Gehen (kein halbes Traben!). Im Schritt zeigen sich unsere Hunde eher selten, weil es nicht die effizienteste Gangart ist, die sie im Repertoire haben (das wäre der gemächliche Trab, der über weite Strecken gezeigt werden kann und am energiesparendsten ist). Warum das Schritttempo fürs Fitnesstraining und speziell das Aufwärmen so wichtig ist, zeigt ein Blick auf den Rücken des Hundes: Wenn Sie ihn im Schritttempo an der Leine haben, dann schauen Sie mal von oben auf seine Wirbelsäule. Vor allem bei kurzhaarigen Hunden kann man sehr gut erkennen, wie viel Bewegung nun im Rücken passiert und dass sich die Wirbelsäule schlangenförmig (s-förmig) durchbewegt. Schauen Sie sich zum Vergleich den Rücken im Trab an – da passiert fast nichts.

Das Schritttempo ist genau aus diesem Grund so wichtig: Alle Rückenmuskeln und Wirbel werden schön durchbewegt und die Bandscheiben

Traben im Zirkel.

ordentlich mit Flüssigkeit versorgt. Generell werden durch gleichmäßige Bewegung alle Gelenkknorpel mit Flüssigkeit versorgt und sozusagen geschmiert – für die Gesunderhaltung ist das absolut unerlässlich und erklärt auch, warum Hund wie Mensch sich jeden Tag ausreichend bewegen sollten. Durch das Schrittgehen wird der Kreislauf aktiviert und die Durchblutung der Muskeln wird angeregt.

Um nun die Betriebstemperatur zu erhöhen, wird der Hund zum Traben gebracht. Durch die höhere Geschwindigkeit steigt die Körpertemperatur, die Muskeln werden noch besser durchblutet, Sehnen und Bänder werden geschmeidiger. Zudem erhöht sich die Leitgeschwindigkeit der Nervenleiter und verhilft dazu, dass der Hund und sein Körper besser und schneller reagieren können. Das ist unverzichtbar, um den anschließenden Sport möglichst optimal auszuüben.

Tipp: *Schritt und Trab sollten jeweils ca. 5–10 Minuten durchgeführt werden und sowohl gerade Strecken als auch große Kreise (sowohl mit, als auch gegen den Uhrzeigersinn) beinhalten. Je kälter die Außentemperatur, desto länger das Aufwärmen. Und wer als Mensch mitläuft, der profitiert ebenfalls von aufgewärmten Gelenken und einem aktivierten Kreislauf.*

Achtung
Das Aufwärmen soll den Hund aufwärmen, aber nicht ermüden. Ein müder Hund ist unkonzentriert und wird anfällig für Verletzungen, weil Übungen nicht mehr überlegt und sicher ausgeführt werden. Daher bei den spezifischen Übungen solche wählen, die der Hund gut beherrscht und über die er nicht lange nachdenken muss. Alles, was der Hund nicht kennt, sollte vorab eigenständig eingeübt werden, damit es fürs Warm-up »aus dem Effeff« funktioniert.

Dem Schritt und Trab sollten sich nun einzelne Übungen aus dem Folgenden anschließen.

Drehungen, Slalom und im engen Kreis laufen
Jede dieser Übungen fordert den gesamten Körper und beansprucht vor allem die Rücken- und Bauchmuskulatur. Zudem kommt der Kreislauf in Schwung und die Einheiten verhelfen zu einer guten Balance und Körperbewusstsein. Da hier die Wirbelsäule stark in beide Richtungen gebogen wird, sind alle engen Wendungen für Hunde mit Wirbelsäulenerkrankungen (wie z.B. Spondylose) nicht zu empfehlen. Gerade bei älteren Hunden bitte immer vorab mit dem Tierarzt abklären, was an sportlichen Übungen okay ist!

Drehungen
Hierzu nimmt man ein Leckerchen und führt damit den Kopf des Hundes in Richtung seines Rutenansatzes - um an das Leckerchen zu gelangen, muss sich der Hund sehr eng drehen. Man führt die Leckerchenhand so weit, dass er letztlich eine komplette 360-Grad-Drehung vollführt. Es ist darauf zu achten, dass der Kopf auf Höhe des Rückens gehalten wird und die Bewegung in beide Richtungen (also links und rechts gedreht) durchgeführt wird. Zum Aufwärmen 3-5-mal in jede Richtung drehen. Dabei sicherstellen, dass der Hund nicht hochhopst beim Mitdrehen!

Um die eigene Achse drehen ...,

... gerne auch auf Distanz.

Slalom durch die Beine: Erst ums Bein ...

... locken ...

... und so weit führen,

… bis der Hund es komplett geschafft hat.

Slalom durch die Beine

Hier gibt es zwei Varianten, die man beide gut einsetzen kann. Bei der einen bleibt der Mensch stehen, spreizt die Beine und führt den Hund mit dem Leckerchen in der Hand um die Beine und durch die Mitte, sodass der Vierbeiner eine Acht läuft. Auch hier immer darauf achten, dass Kopf und Nacken des Hundes nicht überstreckt werden – auch, wenn das bedeutet, dass man sich, je nach Größe des Hundes, ziemlich verbiegen muss.

Bei der anderen Variante bewegt sich der Mensch langsam und in großen Schritten vorwärts und lässt dabei den Hund sich von rechts nach links und dann wieder von links nach rechts usw. zwischen dem jeweils vorgelagerten und dem Standbein hindurch fädeln (ganz so, als würde der Hund durch einen Slalom laufen). Auch hier führt man den Hund mit Leckerchen durch die Beine – anfangs sehr langsam und bei jedem Fädeln stehenbleibend, dann immer schneller, bis es eine flüssige Bewegung bei Mensch und Tier ist.

Kreise laufen: Neben dem Menschen starten ...,

... dann um den Körper ...

... komplett herum.

Kreise laufen

Der Vierbeiner soll möglichst enge Kreise laufen, damit er seine volle Beweglichkeit ausschöpfen kann. Dazu wird der Hund von unserer rechten Körperseite per Leckerchen mit einer ausladenden Handbewegung einmal um die im Stand geschlossenen Beine seines Menschen herumgeführt, bis er wieder auf der Ausgangsposition angekommen ist – er hat den Zweibeiner also einmal komplett umrundet. Diese Übung auch unbedingt in beide Richtungen ausführen, damit der Hundekörper ausgewogen belastet wird. Auch hier sind ca. 5 Wiederholungen pro Seite ausreichend.

Und für Könner:

Die Übung zeigen, ...

... während der Mensch geht.

Weitere Übungen, die man mit solchen aus dem Slalom- & Kreis-Segment kombinieren kann, sind:

Sitz-Platz-Steh im Wechsel
Diese Übung ist nicht nur gut geeignet, um sie ins Aufwärmprogramm aufzunehmen. Sie ist darüber hinaus eine einfache, aber äußerst effektive Maßnahme, um die Muskulatur der vorderen (Platz-Sitz) und hinteren (Sitz-Steh) Gliedmaßen effektiv zu trainieren. Beim Platz-Steh werden sowohl die vorderen als auch die hinteren Gliedmaßen super angesprochen. Die Positionen werden vom Platz in das Sitz, Sitz ins Steh und Platz ins Sitz gewechselt - hier kann man schön die Reihenfolge der Stellungen variieren. Wichtig ist vor allem, dass man dem Hund sehr gut beibringt, seine Pfoten nicht zu bewegen, sondern sich wirklich aus der jeweiligen Ausgangsposition hochzudrücken, um vom Platz oder Sitz ins Steh zu kommen. Dazu hilft man anfangs mit einem Leckerchen etwas nach. Stellen Sie sich recht nah vor den Hund und ziehen Sie ihn mit der Leckerchenhand aus dem Platz so nach oben, dass er dem Leckerchen mit dem Kopf folgt und sich zum Erreichen des Goodies mit der Hinterhand hochdrücken muss. Achtung: Die Führhand nicht nach vorne ziehen, da sonst der Hund einen kleinen Schritt machen müsste. Einfach gerade nach oben! Nur durch das Minimum an Bewegung der Pfoten ist der gute Effekt auf die Muskeln zu erklären und zu erreichen.

Tipp: *Um zu vermeiden, dass der Hund die Füße bewegt, kann man diese Übung sehr gut mit dem Bodentarget (Erklärung siehe Seite 32) einüben.*

Sitz-Platz-Steh im Wechsel: Distanzkontrolle ...

... und Warm-up ...

... in einem.

Langsam (!) über der Nase hochziehen ...

... und genauso langsam von hier zurück.

Hochstemmen in Zeitlupe

Mit dieser Übung bereitet man den Körper auf Sprünge vor und trainiert zugleich die Bauchmuskeln, Hinterhand und Lendenwirbelsäulenmuskulatur. Wichtig ist auch hier, dass man auf die korrekte Durchführung achtet. Der Hund soll nicht (!) hochspringen und dabei den Boden unter den Hinterfüßen verlieren. Die Hinterpfoten bleiben stets am Boden und nur der Vorderkörper geht in die Luft. Das heißt, man legt den Hund ins Platz (oder/und lässt ihn eine Verbeugung machen) und zieht ihn dann mit der Leckerchenhand so hoch, dass er, um an den Keks zu gelangen, die Vorderpfoten in die Luft nehmen muss und sich möglichst lang im Rücken streckt, um dran zu kommen. Anschließend führt man ihn langsam und gerade wieder zurück zum Boden und in die Ausgangsposition. Alternativ kann man auch mit Handtarget (Erklärung siehe Seite 32) arbeiten.

Wichtig

Der Hund soll niemals mit den Hinterpfoten zuerst landen – egal, um welche Sprünge es geht. Die Hinterhand des Hundes ist nicht darauf ausgelegt, um Sprünge abzufedern. Deshalb landen Hunde immer auf ihren Vorderbeinen, die durch Aufbau und Bemuskelung genau dazu gemacht sind, die Belastung vom Sprung abzufedern. Achten Sie stets und ständig darauf, dass der Hund die Möglichkeit hat, zuerst mit den Vorderpfoten aufzukommen und vermeiden Sie unbedingt sämtliche Tricks, bei denen der Hund gezwungen ist, mit den Hinterbeinen zuerst zu landen (wie z.B. auf zwei Beinen stehend Springseil zu springen oder Ähnliches)!

Ziehen am Spielzeug

Viele Hunde lieben es, mit ihren Menschen zu zergeln. Die gute Nachricht: Mit einem ordentlichen Ziehspiel kann man das Aufwärmprogramm bestens abrunden. Aber es gibt eine Einschränkung: Es gilt, die Körperhaltung zu beachten. Also nicht einfach drauflos zerren und den Hund den Nacken wild hin und her schütteln lassen oder diesen durchs Gegenhalten noch extra stark beanspruchen. Gesundes Zergeln heißt hier: Hund packt das Zergel und zieht in gerader Linie nach hinten. Dabei bleibt sein Kopf in möglichst gerader Linie zum Rücken und schleudert nicht unkontrolliert nach oben, unten, rechts oder links. Beim richtigen Ziehen trainiert man Nacken-, Schulter- und Bauchmuskulatur und durch das Entgegenstemmen natürlich auch die Hinterhand.

Diese Übungen sind nur eine kleine Auswahl an Ideen, die man in sein individuelles Warm-up einbringen kann. Sie haben den Vorteil, dass sie kein Equipment erfordern und einfach nachtrainiert werden können. Es muss also nicht kompliziert sein, um effektiv zu wirken.

Beim Zergeln sollten Kopf und Rücken eine Gerade bilden.

Von schnell zu langsam fürs Cool-down.

Warum und wie nach der Bewegung runterkühlen?

Wenn die Leistung, die der Hund gerade im Sport oder beim Toben zeigen durfte, beendet ist, dann sollte es nicht ungebremst ins Auto oder ins Körbchen gehen. Zumindest ein kurzes Cool-down sollte jeder Hundemensch anschließen, damit sich der Puls normalisieren und die Körpertemperatur langsam senken kann. Durch die hohe Aktivität haben die Muskeln viele Abfallstoffe produziert, die abtransportiert werden wollen. Entlässt man den Hund nun sofort und rapide in den Ruhezustand, können diese Stoffe nicht weiter abtransportiert werden. Also heißt es: Noch ein paar Minuten Bewegung dranhängen!

Das Cool-down läuft im Prinzip so ab, wie das Warm-up – nur in umgekehrter Reihenfolge. Wir gehen also von schnell zu langsam. Das heißt, wir fangen mit einer kurzen Strecke lockeren Trab an und gehen dann über zum Schritt. Danach folgen noch leichte, aktive Dehnübungen und fertig ist das Runterkühlen. Es ist also kein großer Aufwand und sollte für jedes Mensch-Hund-Team nach einer großen, körperlichen Anstrengung noch gut durchführbar sein. Insgesamt sollte man auch hier auf ca. 15–20 Minuten kommen.

Aktive Dehnübungen

Gut geeignete Übungen, die man ans Traben und abschließende Schrittgehen anhängen kann, sind folgende:

Verbeugung

Der Hund begibt sich mit dem Vorderkörper in Richtung Boden, während die Hinterbeine stehenbleiben. Der Po ist also nachher höher als der vordere Teil des Hundes. Hierzu nimmt man ein Leckerchen und führt es unterhalb vom Hundekinn in Richtung Brust des Hundes.

Eine wunderschöne Verbeugung – der Mensch sollte sich nun so hinstellen, dass der Hund gerade nach vorne schaut. Dann ist es perfekt.

Während der Hund versucht, der Bewegung zu folgen, wird er vorne kleiner bzw. senkt den Körper leicht ab. Belohnen, sobald er eine leichte Bewegung des Oberkörpers Richtung Boden erkennen lässt und die Hinterbeine noch aufrecht stehen. Jeden Schritt in die richtige Richtung bestätigen, bis die Verbeugung perfekt und eine schöne Streckung im Rücken sichtbar ist. Sollte der Hund ab einem gewissen Punkt automatisch ins Platz gehen, kann man mit der anderen Hand stabilisierend unter den Bauch greifen und den Hund so hinten abstützen, dass er die Hinterbeine nicht abknicken kann.

Eine andere Möglichkeit ist, wenn man sich auf den Boden hockt, ein Bein ausstreckt und den Hund mit dem Leckerchen so unter das Bein führt, dass er mit dem Oberkörper halb unter das Bein krabbeln muss, um ans Leckerchen zu kommen, die Hinterbeine aber stehen bleiben. Die Position lässt man den Hund dann 3–5 Sekunden halten.

Nase an Po

Hier geht man ähnlich vor, wie bei der Drehung zum Aufwärmen. Nur, dass man jetzt darauf achtet, dass der Hund die Bewegung deutlich

Die Nase zum Po führen …

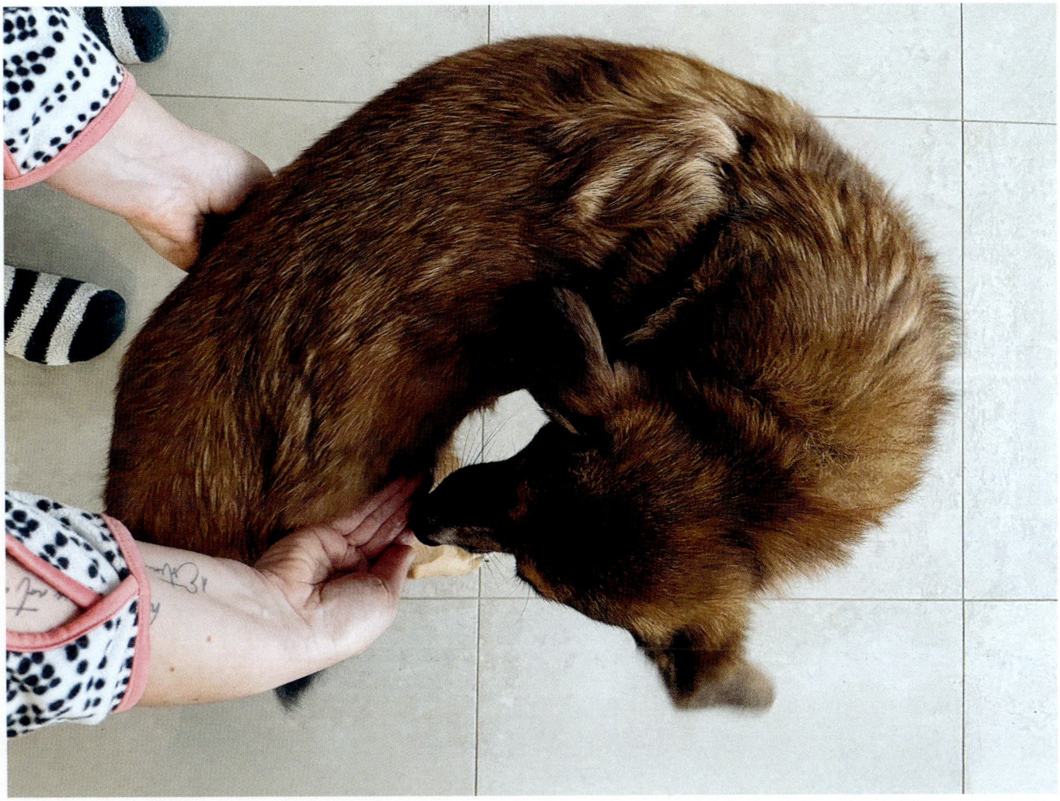

... und zum Dehnen mit der freien Hand stabilisieren.

langsamer ausführt und sich nicht komplett dreht. Man führt die Nase des Hundes langsam auf Höhe der Rückenlinie in Richtung Po. Wenn der Hund schön eingedreht ist, zählt man maximal 5 Sekunden aus und führt ihn langsam wieder zurück in die Ausgangsposition. Das macht man sowohl rechtsherum als auch linksherum.

Nun, wo Grundlagen von Warm-up und Cool-down gelegt sind, und klar ist, dass jeder körperlichen Betätigung diese vorangesetzt bzw. folgen sollen, kommen hier weitere Ideen, wie Körper und Geist fit und fidel gehalten werden können.

Mehr **Praxisübungen**: Beschäftigungsideen mit Fitness-Aspekt

Bei der Gesunderhaltung des Hundekörpers geht es nicht um »höher, schneller, weiter«. Vielmehr geht es darum, kontinuierlich daran zu arbeiten, dass der Hund seine Fähigkeiten zu Koordination und Balance sanft und sicher aufbaut und ein Hundeleben lang behält. Ein beweglicher Körper, den der Hund kennt und sicher beherrscht, birgt weniger Verletzungsrisiken. Ein solcher Körper ist in höherem Alter oder bei Krankheit zu besserer Regeneration fähig. Alle Übungen, die regelmäßig durchgeführt werden und dabei Muskelmasse erhalten und das Gehirn trainieren, helfen dabei, Verletzungen im jungen Alter vorzubeugen und den körperlichen wie geistigen Verfall im höheren Alter langsamer voranschreiten zu lassen. Wir können den Alterungsprozess nicht aufhalten, aber wir können aktiv dafür sorgen, dass unser Hund länger vital bleibt. Je früher man mit dem Training beginnt, umso besser.

Jeden Tag die eine oder andere Übung in den Spaziergang eingeflochten, hilft schon dabei, die körperliche und geistige Leistungsfähigkeit des Hundes zu steigern. Es ist also nicht viel Aufwand nötig, um aktiv an der Gesunderhaltung des Vierbeiners mitzuwirken. Ganz nebenbei haben alle vorgestellten Ideen zusätzlich den Vorteil, dass sie die Grunderziehung festigen, die Bindung zwischen Mensch und Tier stärken, den Hund geistig und körperlich anregen und vor allem: Jede Menge Spaß bringen!

Körperbeherrschung ab Tag 1

Der perfekte Einstieg in ein gesundes, körperbewusstes Leben ist es, wenn man mit dem Welpen sofort beginnt, spielerisch an Balance und Körperbewusstsein zu arbeiten. Hierzu ist das Kennenlernen verschiedener

Ein Geschicklichkeits- und Fitnessparcours, wie hier bei Caniplace, ist für die Schulung von Koordination und Balance Gold wert.

Untergründe perfekt. Wackelbrücken, Balancekissen, steinige, knisternde oder weiche Untergründe sollten unbedingt regelmäßig auf dem Übungsplan für Welpen stehen. So lernen sie vom ersten Tag an, dass es unterschiedliche Gefühle unter den Pfoten gibt und sie sich vor nichts fürchten müssen.

Auch im Alter noch fit und interessiert: So soll es sein.

Vorübungen: Markerwort/Clicker und Target-Training

Egal, ob im Alltagstraining, bei der Grunderziehung, im Hundesport oder beim Erlernen von Tricks, Fitnessübungen und Co., die Arbeit mit einem sekundären Verstärker erleichtert das punktgenaue Bestätigen einer richtig ausgeführten Übung ungemein. Als sekundären Verstärker bezeichnet man ein Signal (meist das Geräusch eines Clickers oder auch ein extra dafür gewähltes Lobwort - auch Marker oder Markerwort genannt), das zuverlässig ankündigt, dass es eine Belohnung geben wird. Die Konditionierung auf einen solchen Marker ist denkbar einfach: Man macht das Geräusch und direkt im Anschluss gibt es ein Leckerchen. Dafür muss der Hund zunächst gar nichts aktiv tun. Man beginnt mit der Konditionierung in ablenkungsarmer Umgebung, markert (per Click oder Wort) und füttert unmittelbar nach dem Geräusch. Das macht man 10-mal in Folge (zum Beispiel im Wohnzimmer), während der Hund neben oder vor einem sitzt, steht oder liegt. Dann wiederholt man das Prozedere zu einem späteren Zeitpunkt im Esszimmer oder der Küche. Dann im Garten. Nach einigen Wiederholungen wartet man ab, ob der Hund, wenn er mal kurz wegschaut, auf das gewählte Geräusch zu einem schaut und sein Leckerchen erwartet: Bingo - der Hund hat das Geräusch mit der Gabe von Goodies verknüpft und man kann den Marker nun als Verstärker einsetzen.

Achtung
Der Hund soll die Belohnung mit dem gewählten Marker verknüpfen und nicht mit dem Griff in die Futterschale oder dem Rascheln der Leckerlitüte. Bei der Konditionierung also aufpassen, dass die Leckereien möglichst hinter einem stehen oder man sie bereits fertig in den Händen hält.

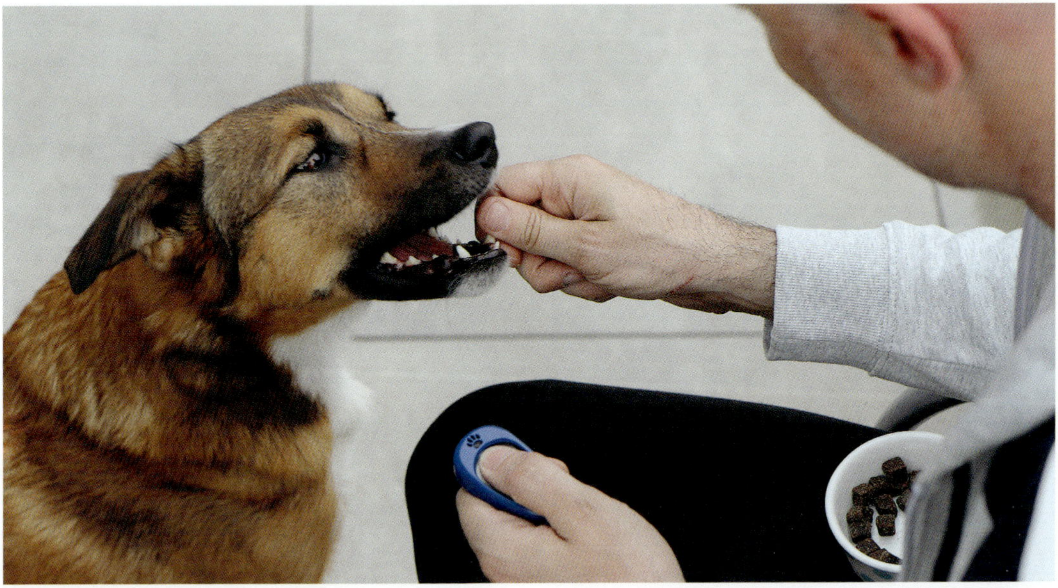

Konditionierung auf den Clicker.

Natürlich kann man die Belohnungen auch direkt, ohne Umweg über einen sekundären Verstärker geben. Die Erfahrung zeigt aber, dass der Mensch in vielen Fällen nicht so punktgenau bestätigt, wie es notwendig wäre. Mit einem Click kann man jede noch so kleine Bewegung in die richtige Richtung sehr genau einfangen, sodass das Einüben komplexer oder für den Hund schwieriger Aufgaben deutlich schneller geht und weniger frustrierend ist. Auch kann man per Clicker oder Markerwort sehr gut auf Distanz bestätigen.

Es ist auffällig, wie hoch motiviert und konzentriert Hunde sind, wenn sie sehen, dass man den Clicker einpackt. Das kündigt für die Vierbeiner schon an, dass gleich zusammengearbeitet wird und bringt sie in die richtige Motivationslage und Arbeitsstimmung. Und ganz nebenbei: Die meisten Menschen nutzen ohnehin ein »Fein«, »Super« oder Ähnliches und geben dann ein Leckerchen – das ist nichts anderes als ein Markerwort, auf das man den Hund konditioniert hat, wenn man genau dieses Wort immer benutzt (nur, dass sich viele Menschen dessen nicht bewusst sind!).

Tipp

Es ist hilfreich, wenn man sowohl mit Clicker als auch mit Markerwort arbeitet. Falls man den Clicker mal vergessen oder die Hände voll hat, kann man trotzdem auf einen sekundären Verstärker zurückgreifen.

Anfangs wird jedes Interesse am Target belohnt ...,

... später nur noch das gewünschte Verhalten (hier: Tipp).

Das frisch konditionierte Markersignal kann dann schon gleich eingesetzt werden, wenn man die nächste Grundlage einübt. **Target-Training** ist nicht nur eine tolle Art der Beschäftigung, bei der der Hund sowohl sein Köpfchen als auch seinen Körper gekonnt einsetzen muss. Werden die Grundübungen beherrscht, dienen sie auch als perfekter Einstieg in unterschiedlichste Tricks und Erziehungs- sowie Sportübungen. Wenn der Hund gelernt hat, dass er etwas mit der Nase oder der Pfote anstupsen oder länger anhaltend berühren kann, hat man viele Möglichkeiten, um Ideen (wie z.B. das Licht ein- und auszuschalten) mit dem Hund umzusetzen oder per Handtarget das perfekte Fußgehen einzuarbeiten. Und natürlich erleichtert es einem das Leben generell, wenn man den Vierbeiner per Handtarget vom Anblick seines Lieblingsfeindes auf der anderen Straßenseite ablenken kann. Oder man ihn im Agility ganz einfach auf Distanz davon überzeugt bekommt, zwar flott auf die Wippe hochzurennen, aber dann an ihrem Ende in der Kontaktzone wie festgewurzelt stehen zu bleiben, weil das Berühren des Targets erst aufgelöst werden muss. Targets sind also vielfältig einsetzbar und vereinfachen das Beibringen unterschiedlichster Übungen enorm.

Als Target bezeichnet man gemeinhin ein Ziel, das der Hund mit Nase oder Pfote berühren soll. Ob es sich hierbei um eine kleine, rutschfeste Gummimatte, eine flexible Scheibe, einen

Nasentargets gibt's in unterschiedlichsten Formen: Hier als Teleskop-Zeigestock.

Zeigestock, ein Post-it, die Fliegenklatsche oder einfach die ausgestreckte Handfläche handelt, ist egal. Das Prinzip, wie man dem Hund beibringt, das jeweilige Target zu berühren, ist immer gleich. Nur, was man wann als Ziel einsetzt, das ist abhängig davon, was man beibringen will und sollte situationsbedingt entschieden werden. Das Signal ist aber immer dasselbe! Zum Beispiel: »Touch« heißt: »Berühre das Target mit der Nase.« »Tipp« heißt: »Berühre das Target mit dem Fuß.«

Bei den folgenden Übungen und auch in den nächsten Kapiteln wird in der Regel bei der Bestätigung von »Click« und dann Leckerchengabe gesprochen. Hier kann natürlich auch das jeweilige Markerwort statt des Clicks eingesetzt werden oder man gibt dem Hund direkt seine Belohnung. Ganz so, wie man es selbst am passendsten empfindet.

Wegen der großen Fläche gut für den Einstieg geeignet:

Die Fliegenklatsche zum Einüben des Nasentargets.

Aufbau Handtarget:
Ziel ist, dass der Hund mit seiner Nase die Handfläche des Menschen berührt.

Man beginnt damit, dass man sich Leckerchen (und Clicker) in Reichweite nimmt. Achtung: Leckerchen nicht in der Hand halten, die Hände sind bei dieser Übung frei. Nun hält man die flache Hand vor die Schnauze des Hundes und sobald er interessiert mit der Nase drangeht: Click - Leckerchen. Das Futter kommt aus der Hand, die nicht berührt wird! Nun wiederholt man diesen Vorgang mehrmals: Hand hinhalten, Hund berührt und wird belohnt. Von vornherein sollte die Hand auch in verschiedenen Positionen gehalten werden: Also mal etwas höher, tiefer, seitlicher etc.

Simpel, aber oft zu gebrauchen: Das Berühren der Handfläche mit der Nase (Handtarget).

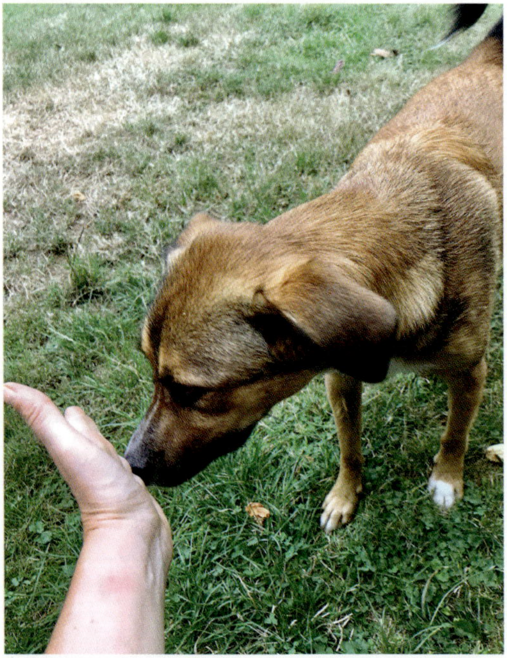

Sobald der Vierbeiner zuverlässig mit der Nase die hingehaltene Hand berührt, variiert man zudem den Abstand, geht mal einen Schritt zurück und hält die Hand hin, geht einen oder mehrere Schritte zur Seite etc. Außerdem führt man das Signal zum Berühren (z.B. »Touch«) ein. Die Übung sollte in verschiedenen Umgebungen durchgeführt werden, damit der Hund sie immer und überall ausführt und nicht nur im heimischen Wohnzimmer. Zwischendurch sollte man auch die Hände wechseln - mal nimmt man für einige Durchgänge die linke, dann wieder die rechte Hand.

Nach diesem Prinzip übt man auch das Berühren mit der Nase eines anderen Targets (Zeigestock, Fliegenklatsche, Post-its an der Wand o.Ä.) ein und baut ebenfalls den Pfotentarget (also das Berühren einer Scheibe, eines Post-its oder Ähnlichem mit der Pfote) wie oben beschrieben auf.

Tricksen und Fitness

Mit Clicker, Markersignal, Pfoten- und Nasentarget ist man nun bestens gerüstet, um dem Hund nützliche und gesunde Tricks beizubringen. Alle vorgestellten Übungen sind vor allem eines: Ideen, die zeigen, was man alles mit dem Hund tun kann, um ihn »pädagogisch wertvoll« zu beschäftigen und dabei auch noch seinen Körper in Form zu bringen bzw. fit zu halten. Der eigenen Kreativität sind keine Grenzen gesetzt und alle Übungsvorschläge sollen als Basis für die eigene Vorstellungskraft dienen und gerne angepasst an den Hund und seine Bedürfnisse und Vorlieben umgeändert oder erweitert werden. Oft kommt einem nämlich während des Einübens eines Tricks der Gedanke, dass es toll wäre, würde der Hund statt X lieber Y zeigen oder dass eine sinnvolle Erweiterung zu Idee Z das passende sein könnte. In solchen Fällen: Wunderbar, setzen Sie alles um und freuen Sie sich über Ihr kreatives Denken.

Die folgenden Übungen sind geeignet, um sie immer mal wieder während des Spaziergangs einzubauen oder einfach im heimischen Garten oder Wohnzimmer als Beschäftigung zwischendurch zu starten.

Pfote(n) geben

Einer der beliebtesten Tricks, den auch fast jeder Hund schon als Welpe beherrscht, ist das Pfotegeben. Am einfachsten und schnellsten ist der Trick beigebracht, wenn man sich vor den Hund hockt, ihm ein Leckerchen in der Hand präsentiert, um das man dann eine Faust macht. Der Hund wird versuchen, entweder mit dem Maul und irgendwann dann auch mit der Pfote daranzukommen. Sobald er die Pfote in Richtung der Hand mit dem Leckerchen hebt, bekommt er aus der anderen Hand ein Leckerchen. Dies wiederholt man 3-mal mit Leckerchen in der Faust, dann hält man die Faust ohne Leckerchen hin und bestätigt sofort wieder, sobald der Hund die Pfote in Richtung Hand bringt. Dann öffnet man die Hand, präsentiert sie dem Hund und sobald er mit seiner Pfote »antwortet«, wird er belohnt. Nun kann man auch das Signal fürs Pfotegeben einführen, die Hand komplett offenlassen und nur noch hinhalten, sodass der Hund seine Pfote darauflegen kann. Nach demselben Prinzip lässt man sich auch die andere Pfote geben.

Einfach, aber effektiv: Pfötchen geben – mal gebeugt …,

… mal gestreckt.

Auch eine Idee: Pfote heben mit Target einüben.

Tipp: *Variieren Sie die Höhe des Pfotegebens, um verschiedene Muskeln im Oberarm und der Schulter anzusprechen. Mal die Pfote im 90-Grad-Winkel geben lassen, dann wiederum eher ein »High Five«, bei dem der Hund das Vorderbein gerade hochstrecken muss, um an die Hand zu gelangen. Aber aufpassen: Zu hohes Pfotegeben ist für Hunde mit Schulterproblemen nicht geeignet!*

Profi-Variante: Üben Sie mit dem Hund, dass er alle Pfoten, also auch die der Hinterbeine, auf Signal hin anheben kann. Für die Hinterbeine gehen Sie so vor, dass der Hund steht und Sie ihm leicht an eine Hinterpfote tippen: Sobald er diese nur kurz anhebt, markern und belohnen. Üben Sie das jeden Tag nur 3–5-mal, da die meisten Hunde es sehr anstrengend finden, gezielt mit ihren Hinterpfoten zu arbeiten. Sie kennen es in der Regel nicht, dass dort hinten tatsächlich auf Wunsch etwas passieren kann. Also viel Geduld haben, kurze Sequenzen üben und jede kleine Bewegung in die richtige Richtung bestätigen. Das Anheben der Hinterpfoten im Wechsel ist eine äußerst gute Übung für Balance- und Koordinationsvermögen und kann schon mit sehr jungen Hunden eingeübt werden.

Variation für noch mehr Effektivität bzgl. Muskelaufbau und Balance:
Wenn der Hund das Vorderpfotegeben im Steh und Sitz beherrscht, kann man die Übung aufs nächste Level bringen. Hierzu lässt man den Vierbeiner auf eine Erhöhung (einen kleinen Tisch oder Hocker oder ein großes, weiches Balancekissen) klettern. Während er darauf steht oder sitzt, darf er nacheinander seine Pfoten in verschiedene Höhen recken. Achtung: Immer einfach anfangen und den Hund erst einmal nur den neuen Untergrund kennenlernen lassen und mit Sitz und Steh im Wechsel anfangen. Sobald klar ist, dass der Hund mit dem leicht wackeligen Untergrund gut zurechtkommt, kann man mit dem Pfötchengeben beginnen. Schrittweise kann man den Untergrund noch aufregender gestalten, indem man für den Hund z.B. Wackelkissen, einen Fitbone (siehe Foto S. 37) oder eine sogenannte Erdnuss besorgt – diese Gegenstände sind aber schon Profiwerkzeuge und kein Muss. Etwas, das sich leicht bewegt, reicht schon völlig aus, um Körper und Geist des Hundes ordentlich zu fordern.

Fördert Konzentration und Balance: Pfote geben auf dem wackeligen Fitbone.

Auch diese Übung lässt sich immer wieder abändern, indem man den Hund beispielsweise nur mit den Hinter- oder nur mit den Vorderpfoten auf einer (eventuell leicht wackelnden) Erhöhung stehen lässt und ihm dann sagt, dass er die Pfötchen geben soll. Steht er vorne erhöht, geht mehr Gewicht auf die Hinterbeine und die hintere Muskulatur wird mehr gefordert; steht er hinten erhöht, verlagert sich mehr Gewicht auf die Vorderhand. Besonders bei älteren Hunden sollte man eher Übungen einbauen, die die Hinterhand stärken, da hier die Muskulatur im Alter in aller Regel deutlich schneller abgebaut wird, als die der vorderen Gliedmaßen.

Gut zu wissen

Besonders bei älteren Hunden kann man sehen, dass die Muskulatur in der hinteren Körperregion schnell abbaut. Viele Seniorhunde sehen hinten wie eingefallen aus. Das liegt mitunter daran, dass Hunde ihre Hinterbeine in aller Regel nur zur Beschleunigung verwenden – alles andere (Bremsen, Lenken, Untergründe vortasten) passiert mit der Vorderhand. Wenn der Mensch nicht dabei hilft, dass der Hund ein Bewusstsein für die Hinterhand entwickelt und lernt, diese bewusst einzusetzen, kommt es deutlich schneller zu einem Abfall der hinteren Muskulatur. Gezielte Förderung des Muskelaufbaus sollte entsprechend schon in jungen Jahren beginnen, damit dieser Verfall im Alter nicht so rasant voranschreitet.

Rückwärtsgehen

Das ist eine großartige Übung, um das Körperbewusstsein des Hundes zu schulen und ihm dabei zu helfen, seine Hinterhand einsetzen zu lernen. Das gezielte Rückwärtsgehen ist für viele Hunde anfangs eine große motorische Herausforderung. Zudem ist die Übung mental sehr anstrengend, da der Hund weder sehen kann, wohin er sich bewegt, noch seinem typischen Bewegungsmuster folgt: Untergründe werden in aller Regel erstmal mit den Vorderpfoten auf ihre Beschaffenheit, Tiefe etc. hin getestet, bevor der Rest des Körpers folgt. Beim Rückwärtsgehen fällt dieser Punkt weg und der Hund muss sich deutlich überwinden, die ersten Schritte zu wagen. Entsprechend gilt auch hier: Den Hund nicht bedrängen und langsam in kleinschrittigen Belohnungen vorgehen. Jede Rückwärtsbewegung sollte gemarkert und belohnt werden, denn sie bedeutet eine echte Überwindung. Entsprechend sollte anfangs jede rückwärts gerichtete Bewegung gebührend gefeiert werden. Hilfreich ist es zu Beginn, wenn man die Möglichkeit hat, den Hund durch eine kleine Gasse zu leiten. Das kann zum Beispiel so aussehen, dass ein Zaun im Garten oder eine Zimmerwand in der Wohnung, die eine Grenze markiert, gegenüber davon stellt man Stühle und einen niedrigen Tisch, Sprudelkisten, Hocker oder dergleichen auf, die die andere Grenze darstellen. So bastelt man sich eine kleine Gasse, die so eng ist, dass der Hund sich nicht in ihr drehen kann, aber ausreichend Platz bietet, um sich vor- und zurückzubewegen.

Im ersten Durchgang führt man den Hund so durch die Gasse, dass der Mensch rückwärts und der Hund vorwärts gehen kann. Das ist wichtig, damit er den Raum, der ihm zur Verfügung steht, schon kennenlernen und den Untergrund als ungefährlich einstufen kann. Am Ende der Gasse angekommen, sollte der Hund relativ nah vor dem Menschen stehen. Dann wirft man ein Leckerchen zwischen seinen Vorderbeinen hindurch bis kurz hinter diese. Um an das Goodie zu gelangen, muss der Hund eine kleine

Rückwärtsgehen mithilfe eines Targets: Geclickt wird, wenn die hintere Pfote das Target berührt.

Rückwärtsbewegung machen – diese gilt es sofort zu bestätigen und das nächste Leckerchen wird wieder zwischen die Vorderbeine bzw. bis kurz hinter diese geworfen. Sobald der Hund einigermaßen zügig in eine kurze Rückwärtsbewegung geht, kann man das Signal fürs Rückwärtsgehen einführen und die seitliche Begrenzung langsam abbauen.

***Tipp:** Wenn der Hund zielsicher und ohne helfende Begrenzung auf Signal rückwärtsgeht, kann man diese Übung sehr gut immer mal wieder in den Alltag integrieren. Lassen Sie den Vierbeiner doch beim Spaziergang immer mal wieder neben oder vor Ihnen rückwärtsgehen und das auf unterschiedlichen Bodenarten. Für den Hund ist es eine ganz andere Herausforderung, wenn er auf einer unebenen Ackerfurche, einer Grasnarbe oder auf dem Feldweg mal rückwärtsgehen soll, als wenn er es auf glatten Fliesen, Teppich oder Asphalt macht. Einfacher kann man einen normalen Gassigang nicht zur mentalen und körperlichen Herausforderung werden lassen.*

Profi-Variante: Wenn der Vierbeiner begeistert auf allen möglichen Untergründen in die Rückwärtsbewegung geht, kann man ihn schrittweise darauf vorbereiten, auch mal was mit den Hinterbeinen zuerst zu übersteigen. Zum Einstieg können Sie ihn rückwärts auf ein Buch, ein kleines Podest oder über eine am Boden liegende Stange gehen lassen. Achtung: Es sollte nichts sein, was wegrollt, wenn der Hund darauf tritt, damit er sich nicht erschreckt und erstmal keine Lust mehr aufs Rückwärtsgehen bekommt. Markern Sie auch hier jede Tastbewegung mit der Pfote, die nach hinten gerichtet ist, damit der Hund versteht, dass es darum geht, das Hindernis, das sich hinter ihm befindet, zu berühren und schließlich drauf oder drüber zu steigen. Sobald das gut klappt, können Sie mehrere Stangen, kleine Erhöhungen oder Wackelkissen in einer Reihe auslegen, die dann vorwärts wie rückwärts überstiegen werden. So haben Sie schnell und unkompliziert ein Ganzkörper-Workout mit Balance- und Koordinationselementen aufgebaut.

> *Für alle vorgestellten Übungen gilt:*
> Es gibt verschiedene Arten, wie man sie einüben kann. Grundsätzlich wird eine Idee vorgestellt, wie man es trainieren kann. Wer mit seinem Hund aber andere Varianten kennt oder besser findet, sollte natürlich diese nehmen. Der Weg ist das Ziel und es gibt zahlreiche verschiedene Wege, die zum gewünschten Ergebnis führen. Nur eines bitte nicht: Den Hund so bedrängen, dass er nur aus dem Wunsch heraus auszuweichen in die richtige Richtung geht.

Alle Pfoten auf engstem Raum

Ein besonderes Maß an Körperbeherrschung, Kreativität und Beweglichkeit ist vom Hund gefragt, wenn er sich mit allen vier Pfoten in eine kleine Kiste stellen soll. Die Größe der Kiste ist selbstverständlich abhängig von der Körpergröße des Hundes. Wo ein Chihuahua sich gerade so reinfalten kann, passt eine Dogge niemals hinein – egal wie gelenkig sie ist.

Schritt für Schritt ...

... erst in die große ...,

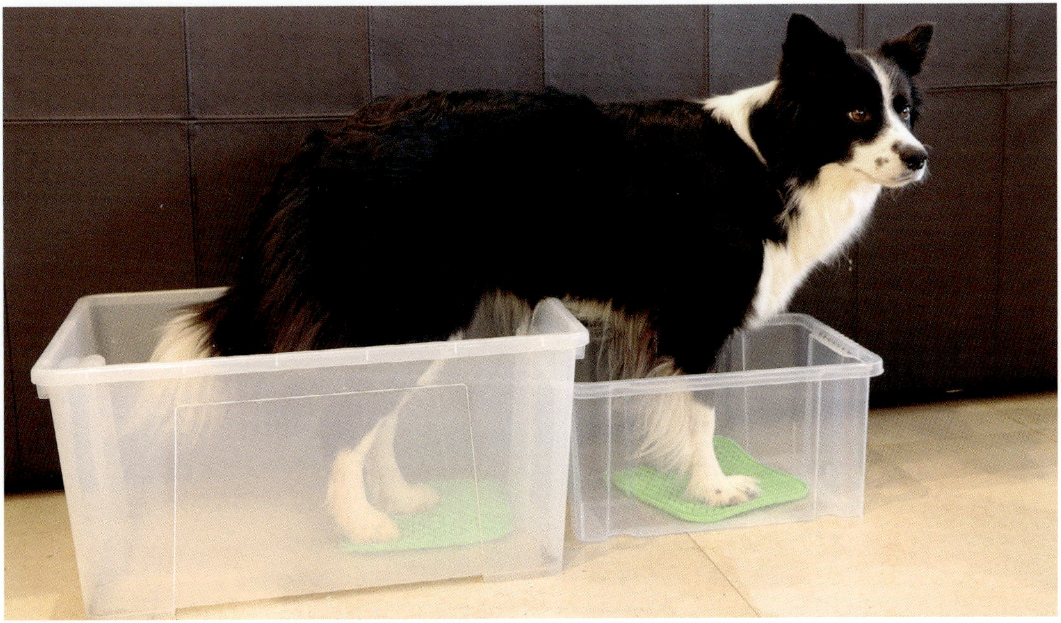

... dann weiter

... in die kleine Kiste.

Wenn die Vorder- und Hinterpfoten so eng zusammenstehen, dass sie sich schon fast berühren, dann ist das Maximum an Enge definitiv erreicht. So eng zusammen müssen die Pfoten natürlich nicht unbedingt stehen, aber schauen Sie doch mal, wie weit es Ihr Vierbeiner schafft, seinen Rücken zu wölben und die Beine zusammenzuschieben.

Den Beginn macht das Lotsen (z.B. per Bodentarget, das in der Kiste ausliegt) in eine Kiste, die so groß ist, dass der Hund ganz ohne Probleme hineinpasst. Sobald er alle Pfoten drin hat, wird er in der Kiste großzügig belohnt. Wenn er ein paar Mal drin war, etabliert man das passende Signal (wie z.B. »Ab in die Kiste«, »Rein da« oder Ähnliches) und lobt, wenn der Hund auf Signal hineinklettert. Im nächsten Schritt wird die Kiste etwas kleiner und man lobt wieder mit sehr guten Leckereien, wenn der Hund sich hineingewagt hat. Schrittweise verkleinert man die Kiste (und das Target, falls man mit diesem arbeitet) bis man so weit ist, dass der Hund tatsächlich deutlich überlegen muss, wie er seinen kompletten Körper dort hineinbekommt. Sparen Sie in jedem Fall nicht mit Lob und Leckereien - diese Übung ist sehr anstrengend für den Körper und ab einem gewissen Moment bzw. ab einer gewissen kleinen Kistengröße, auch für den Geist.

Tipp: *Bestätigen Sie vor allem bei skeptischen Hunden anfangs jede Annäherung an die Kiste – und zwar in kleinen Schritten und so lange, bis der Hund komplett angstfrei hineinklettert. Erst dann geht es weiter zur nächstkleineren Kistengröße. Achten Sie zudem immer darauf, dass die Kiste nicht rutschen kann, wenn der Hund reingeht oder sich mit den Pfoten an der Kiste zu schaffen macht. Als kleine Hilfe kann man die Kiste anfangs so hinstellen, dass sie zwischen einer Wand und einem kleinen Tisch oder Hocker festgeklemmt ist, und man so vor der Kiste steht, dass man den Hund hineinlocken kann, ohne dass er seitlich Gelegenheit zum Ausbrechen hat.*

Variation: Nach demselben Prinzip kann man auch mit einem Blatt Papier oder einer Zeitung arbeiten, die man immer kleiner faltet. Hier ist das Papier dann das Target und bestätigt wird immer dann, wenn alle Pfoten auf dem Blatt sind.

Männchen machen

Ein kleiner Trick mit großer Wirkung: Wenn der Hund die typische »Männchen«-Position einnimmt, dann sitzt er auf dem Po, richtet den Rücken auf und die Vorderpfoten befinden sich in der Luft. Dieser Trick ist ein super Training für die Balance und vor allem für den Aufbau und Erhalt der Rücken- und Bauchmuskulatur.

Um den Hund in diese Position zu bekommen, empfiehlt es sich, den Vierbeiner vor sich sitzen zu lassen und dann ein Leckerchen entlang seiner Nase gerade nach oben zu ziehen. Sobald er sich mit den Vorderpfoten leicht abstößt, um ans Goodie zu kommen, dabei aber sitzen bleibt und nur die Vorderpfoten in der Luft sind und der Oberkörper sich nach oben reckt, bekommt er seine Belohnung. Schrittweise dehnt man die Dauer des Verharrens in der »Männchen«-Position aus, bevor es die Belohnung gibt. Nach wenigen Versuchen reicht es, wenn man nur die Hand ohne Leckerchen nach oben führt und den Hund in der richtigen Position bestätigt. Wer nicht mit einem Leckerchen in die Position locken möchte, kann stattdessen auch mit Handtarget arbeiten.

Ein so schönes Männchen spricht für eine gute Bauch- und Rückenmuskulatur.

Viele Hunde haben anfangs Schwierigkeiten damit, die Position zu halten. Wenn der Hund in Position ist und dann nach vorne kippt, lässt das darauf schließen, dass seine Rückenmuskulatur die Balance nicht halten kann und man entsprechend Übungen machen sollte, die diese aufbauen. Kippt er hingegen nach hinten, dann hat der Hund ein Defizit im Bauchmuskelbereich. Je öfter man aber das Männchen übt, je besser entwickeln sich die Muskeln in Rücken- und Bauchbereich.

Variation: Wenn der Hund im Männchen ist, zieht man ihn ganz langsam mit der Hand noch weiter nach oben, sodass er aus dem Männchen die Hinterbeine so hochstemmt, dass er auf den beiden Hinterpfoten steht. Hierbei bitte darauf achten, dass der Hund kein Hohlkreuz macht und sich langsam und koordiniert nach oben stemmt. Anschließend soll er wieder langsam und kontrolliert zurück in die Männchen-Position. So werden zusätzlich die Muskeln der Hinterhand beansprucht.

Seitliche Sit-ups

Wer sich gezielt den Bauchmuskeln des Hundes widmen möchte, der kann die hundliche Variante von Sit-ups üben. Hierzu liegt der Hund auf der Seite und der Mensch sitzt seitlich neben dem Rücken des Hundes – der Vierbeiner schaut weg vom Menschen. Nun zieht man den Hund mit einem Leckerchen seitlich gerade nach oben. In diesem Fall empfehle ich, auf jeden Fall mit Leckerchen und nicht mit Handtarget zu arbeiten, da man so mehr Kontrolle darüber hat, wie der Hund seinen Kopf und Nacken bewegt. Die Hand, die nicht das Leckerchen hält, liegt locker seitlich am Bauch des Hundes. Sobald man mit dieser Kontrollhand eine Anspannung im Bauch spürt, hat sich der Hund hoch genug

Aus der Seitenlage ...

... seitlich geführt ...

... bis ein schönes seitliches Sit-up erreicht ist.

gestreckt und darf langsam wieder zum Boden. Anfangs sollte man die Übung nur ca. 3-mal pro Seite machen und dann erst ein paar Tage pausieren, bevor man sie nochmal angeht. Die Übung ist sehr effektiv für die Bauchmuskeln und auch entsprechend anstrengend für den Hund, daher diese wenigen Einheiten und wohldurchdachten Wiederholungen mit Trainingspausen zwischen den einzelnen Übungseinheiten.

Elefantentrick

Mit dieser Übung schult man nicht nur die Koordinations- und Balancefähigkeit des Hundes. Hier werden zudem Muskulatur und Bewusstsein der Hinterhand angesprochen. Außerdem ist die Übung toll für Hunde, die an ihren Wendungen fürs Obedience oder der Unterordnung arbeiten sollen. Natürlich ist das auch zugleich ein schöner

Trick, den man einfach so üben oder ins Dogdance einbauen kann. Der Elefantentrick ist ein Universaltrick, den man in Hundefitness und -sport immer einsetzen kann.

Gebraucht wird für diese Übung eine Erhöhung, auf die der Hund bequem mit den Vorderpfoten passt. Ein kleiner Kinderhocker ist für mittelgroße bis große Hunde zum Beispiel ideal, aber auch ein kleiner Topf oder eine Schüssel sind geeignet. Die Erhöhung sollte nicht zu hoch sein und nicht nur rutschfest stehen, sondern auch auf der Oberfläche nicht zu glatt sein. Hierzu kann man den Gegenstand zum Beispiel mit ein paar Streifen Physio-Tape oder einer breiten Klebefolie mit angerauter Oberfläche bekleben. Falls es eine Schüssel oder ein Topf sind, die man dann umgedreht auf den Boden stellt, sollte man ebenfalls mit Hilfe von Klebestreifen oder einer anderen rutschfesten Unterlage darauf achten, dass der Gegenstand nicht wegrutschen kann, wenn der Hund sich darauf stellt.

Nun lockt man den Hund zum Gegenstand und signalisiert ihm (zum Beispiel mit einladendem Draufklopfen), dass er ihn mit den Pfoten berühren soll. Ziel ist, dass der Hund mit den Vorderpfoten raufklettert und mit den Hinterpfoten am Boden bleibt. Je nach Hund wird erstmal jede Annäherung an den Hocker bestätigt, bis er dann von selber die Pfoten draufstellt. Viele Hunde, die schon mit Clickertraining und Tricksen vertraut sind, klettern sofort auf die Erhöhung rauf – hier ist es teilweise eher das Kunststück, sie davon zu überzeugen, dass es nur auf die Vorderpfoten ankommt. Sobald diese aber fest auf dem Podest stehen, wird gemarkert und gefüttert und der Mensch stellt sich neben den Hund. Mit einem Leckerchen in der Hand oder alternativ mithilfe

Einfacher Einstieg in den Elefantentrick: Vorderbeine auf die Erhöhung und ausharren.

Die Erhöhung für den Elefantentrick immer der Hundegröße anpassen, damit sie im späteren Verlauf leicht umrundet werden kann.

Für Profis: Wackelige Erhöhung und beim Umrunden mit den Hinterbeinen auf die nächste wackelige Erhöhung steigen.

des Handtargets, wird der Vierbeiner dazu animiert, sich schrittweise nur mit den Hinterpfoten um die Erhöhung zu bewegen, während die Vorderpfoten oben stehen bleiben und sich lediglich mitdrehen. Dazu anfangs jeden kleinen Schritt bestätigen. Im Laufe der Übung führt man dann nur noch die Hand in einer Rechts- oder Linksdrehung vor dem Hund, um ihm zu signalisieren, in welche Richtung er sich bewegen soll.

Achtung: Wie immer bei solchen Dreh-Übungen darauf achten, dass man den Hund sowohl nach rechts als auch nach links drehen lässt!

Profi-Variante: Wenn der Hund sich gekonnt rechts- und linksherum bewegt, kann man die Übung schwieriger und damit noch effektiver für die Hinterhandkoordination gestalten, indem man zum Beispiel niedrige Cavaletti-Stangen, ein zusammengerolltes Handtuch oder ein Wackelkissen so auslegt, dass der Hund dieses Hindernis beim Umrunden nur mit den Hinterpfoten übersteigt bzw. sich daraufstellt.

Variation: Hunde, die über gesunde Ellbogen- und Schultergelenke verfügen und nicht zu schwer sind, können die Übung auch umgedreht zeigen: In dem Fall stehen die Hinterbeine auf der Erhöhung und der Hund bewegt sich mit der Vorhand um den Gegenstand.

Bei allen Varianten muss es nicht unbedingt ein Hocker, Topf oder dergleichen sein. Auch ein Wackelkissen kann hier genommen werden. Dieses bringt zudem noch die Schwierigkeit, dass der Hund die Bewegungen des Kissens ausgleichen muss und dadurch vermehrt die tieferliegenden Muskelgruppen angesprochen werden.

Vorschicken und Umrunden
Dies ist eine Kombinationsübung, die aber in meinen Augen mit zu den wichtigsten Grundlagenübungen gehört und universell einsetzbar ist. Das Vorausschicken und rechts- sowie linksseitige Umrunden eines beliebigen Gegenstandes ist eine wunderbare und effektive Übung für Körper, Geist und Erziehung (hier: Distanzkontrolle). Bei dieser Trainingsidee werden Erziehungs- und Fitnessgrundlagen wunderbar vereint und die Übung ist überall durchführbar – zuhause genauso, wie auf einem Spaziergang.

Man startet damit, dass man sich etwas aussucht, das der Vierbeiner umrunden soll (bspw. eine Pylone oder einen Hocker). Nun setzt man den Hund im Abstand von einem Schritt davor, legt ein Leckerchen (oder ein Spielzeug) neben das Objekt, geht zurück zum Hund und schickt ihn mit ausgestreckter Handbewegung los, sein Goodie zu suchen. Die folgenden Schritte sehen genauso aus, aber man setzt den Hund immer einen Schritt weiter weg ab, bevor man ihn zum Objekt schickt. Nach einigen Wiederholungen sendet man den Hund mit einem Signalwort (z.B. Voran) zum Objekt. Nun beginnt man damit, das Goodie direkt hinter das Objekt zu verlegen, damit der Hund dahinter läuft. Ab hier animiert man ihn dazu, auf der anderen Seite wiederzukommen, sodass er das Objekt umrundet hat.

Sobald das zuverlässig klappt, führt man das Signal fürs Umrunden ein (also z.B. »Voran – Außen«). Per Körpersprache, also indem man den eigenen Schwerpunkt in die entsprechende Richtung verlagert und den Arm ausstreckt, gibt man das Zeichen dafür, in welche Richtung der Hund laufen soll. Aber aufpassen: Unbedingt beide Richtungen gleichwertig auftrainieren!

Richtig aufgebaut, ist das Vorschicken und Umrunden …

… schnell eine Lieblingsübung.

Sobald der Vierbeiner zielstrebig auf das Objekt zuläuft, nachdem er sein Signal bekommen hat, können die dort abgelegten Goodies abgebaut werden. Der Hund wird jetzt fürs Hinlaufen und Umrunden gemarkert und entsprechend belohnt. Darauf achten, dass die Übung in verschiedenen Räumen und mit unterschiedlichen Objekten geübt wird, damit der Hund versteht, dass es nicht immer nur Hocker oder Pylone sind, die umrundet werden sollen, sondern dass es allgemein um das Signal des Umrundens geht (und eben nicht um bestimmte Objekte).

Variation: Draußen zum Beispiel kleine Bäume, Heuballen oder Zaunpfähle umrunden lassen und dabei Entfernung und Richtung variieren.

Buddel-Buddel

Viele Hunde buddeln für ihr Leben gern. Und damit maniküren sie sich, je nach Untergrund, nicht nur die Krallen, sondern sie machen auch ein tolles und vor allem anstrengendes Workout der vorderen Gliedmaßen. Gezieltes Buddeln ist also nicht nur eine schöne Beschäftigung. Sie ist auch ein anstrengendes Krafttraining für den vorderen Teil des Hundekörpers. Da diese Übung aber außerordentlich selbstbelohnend ist und viele Hunde in eine Art Rausch versetzen kann, ist sie nur geeignet, wenn der Vierbeiner nicht schon zur Sorte exzessiver Buddler gehört. Für solche Hunde gibt es genügend andere Übungen.

Für alle anderen gilt: Buddeln auf Signal ist super und lässt sich leicht einüben, sofern Schultern und Ellbogen gesund sind.

Bitte unbedingt darauf achten, dass der Hund nur dort buddelt, wo es unbedenklich ist und weder Mensch noch Tier sich anschließend in einem Loch verletzen können. Vorzugsweise hat man im heimischen Garten eine geeignete Buddelecke, einen Sandkasten oder Ähnliches.

Wer im Garten eine sichere Buddelstelle hat, der kann das Verhalten sehr schnell hervorrufen und bestätigen. Idealerweise gibt es lockere Erde oder Sand, man formt ein kleines Hügelchen, zeigt mit dem Finger darauf und tut ganz interessiert. Viele Hunde können nicht widerstehen und widmen sich sofort interessiert dieser Stelle – in dem Fall sofort markern und dann leicht mit der Schuhspitze oder der Hand in dem Hügel bohren, bis der Hund mitmacht. Das Verhalten nach wenigen Wiederholungen mit dem entsprechenden Signalwort belegen.

Sollte der Hund etwas desinteressierter sein, kann man auch ein Leckerchen oder ein Spielzeug leicht mit Erde bedecken und ausbuddeln lassen und dann die Buddelbewegung bestätigen. Das wiederholt man wenige Male, bis es auch hier reicht, dass man auf den Erdhaufen zeigt und das Signal zum Buddeln gibt, ohne dass etwas darin versteckt ist. Natürlich wird fleißig gelobt und belohnt, wenn der Hund anfängt zu graben, obwohl sich nichts dort befindet.

Am Buddeln haben schon Welpen Spaß — toll, wenn man es ungestört darf, wie z.B. bei Caniplace.

Variation: Wer den Hund gerne drinnen buddeln lassen möchte, kann ihm diese körperliche Auslastung insofern anbieten, als dass der Vierbeiner etwas Leckeres oder ein begehrtes Spielzeug aus einer Kiste herausbuddeln darf. Die Kiste kann gefüllt mit Zeitungsschnipseln sein oder voller Tücher oder Kleidungsstücke (vorzugsweise alte Sachen oder solche, die ohnehin gewaschen oder entsorgt werden sollen). Bei dieser Variante ist der Vorteil der, dass der Hund komplett sauber bleibt, weder Matschpfoten noch Erdferkelnasen ihre Spuren auf frisch geputzten Böden hinterlassen.

Profi-Variante: Um der ganzen Übung noch mehr Sinn zu geben, kann man das Signal fürs Buddeln auch für das leidige Thema des Krallenkürzens einsetzen. Hierzu lässt man den Hund auf einem sogenannten Kratzbrett buddeln. Durch das auf dem Brett angebrachte Schleifpapier können durch die Kratzbewegungen die Krallen der Vorderpfoten kurzgehalten werden.

Auch ein schöner und vor allem lustiger Trick ist es, wenn man dem Hund das Buddel-Signal gibt, wenn er auf der Fußmatte steht. So sieht es aus, als würde er sich seine Pfoten abtreten.

Gehirnjogging im Wohnzimmer

Das Wohlbefinden des Hundes setzt sich zusammen aus einem gesunden und entsprechend geförderten Körper und einer guten Auslastung der grauen Zellen. Nichts ist schlimmer als Langeweile, und viele Hunde legen problematisches Verhalten wie aus dem Nichts ab, wenn sie endlich regelmäßig ihr Köpfchen anstrengen dürfen. Ein schöner Nebeneffekt ist hierbei, dass solche Denkspiele den Vierbeiner sehr anstrengen und sie sich daher gut eignen, um an Tagen mit weniger Auslauf trotzdem ein gewisses Maß an Auslastung zu bieten.

Diese Art der Beschäftigung ist als Ergänzung zu ausreichend Lauf- und Schnuppermöglichkeiten in der freien Natur anzusehen und nicht als alleinige Beschäftigung zu nehmen. Sollten Wetter, Zeit, der eigene oder der Gesundheitszustand des Hundes aber größere Spazierrunden verhindern, sind die genannten Möglichkeiten eine gute Idee, um dem Tier trotzdem Spiel, Spaß und Spannung zu gewährleisten.

Welches Training für welches Bedürfnis?

Nicht nur für die Indoor-Beschäftigungen, sondern für alle Übungsideen gilt: Sie sollten zum Hund passen und bei Bedarf modifiziert werden. Ein sehr junger Hund kann sich noch nicht so lange konzentrieren, wie ein ausgebildeter, erwachsener Vierbeiner. Kurze, spaßige Trainingseinheiten, bei denen dem jungen Hund in kleinen und spielerischen Schritten gezeigt wird, wie er zum Ziel gelangt, sind bei Welpen, pubertierenden Hunden und solchen, die gerade aus dem Tierschutz übernommen wurden (egal in welchem Alter sie sind) angezeigt. So vermeidet man Überforderung und Frustration beim Hund. Einzelne Übungen sollten immer so einfach gestaltet sein, dass der Hund sie im Zweifelsfall mit wenig Hilfe schaffen kann. Den Schwierigkeitsgrad heißt es dann langsam zu steigern (zum Beispiel, indem man mehrere Übungen miteinander kombiniert, wenn es sich um wahre Profis unter den Vierbeinern handelt).

Auch bei Seniorhunden darf man nicht unterschätzen, wie schnell sie ermüden können oder in Frustration geraten. Auch hier bitte den Hund nicht überfordern. Im Zweifelsfall gilt: Immer ein paar Schritte zurückgehen und das Spiel vereinfachen oder dem Hund konkret helfen, wenn es hakt, er soll immer zum Ziel kommen und mit einem Erfolgserlebnis abschließen.

Doch nicht nur die geistigen Fähigkeiten spielen eine Rolle bei der Auswahl der Spiele und des Schwierigkeitsgrads. Auch die körperlichen Gegebenheiten müssen immer im Auge behalten werden. Sehr große, schwere Hunde haben andere Ansprüche als kleine, wendige. Hier muss unter Umständen das Equipment angepasst bzw. die Übung überprüft und variiert werden. Wer seinen Hund unter einer Bank hindurchkrabbeln lassen will, der sollte sich vorher klar machen, ob der Vierbeiner das körperlich überhaupt bewältigen kann oder er nicht vielleicht doch zu groß ist,

Unterschiedliche Hunde haben unterschiedliche Bedürfnisse – darüber sollte man sich immer bewusst sein.

um drunter durchzupassen oder zu klein, sodass er einfach stehend drunter herlaufen kann. Auch sollte man bei allem, was der Hund in der Höhe erreichen soll, schauen, dass er das auch wirklich schaffen kann – nichts ist frustrierender, als die Goodies kurz vor knapp über der Nase hängen zu haben und trotz aller Bemühungen nicht dranzukommen.

Sehr große, kräftige Hunde darf man, was ihre Körperkraft angeht, zudem nicht unterschätzen. Bei gewissen Beschäftigungsideen empfiehlt sich deshalb, das Equipment so zu befestigen oder zu beschweren, dass auch ein großer Hund es im Eifer des Gefechts nicht zu Fall bringen oder zerstören kann.

Sie als »Hundeeltern« sind also immer auch gefragt, wenn es darum geht, den idealen Zeitvertreib so zu gestalten, dass dieser perfekt und sicher zum eigenen Hund passt.

So unterschiedlich wie Optik und Persönlichkeit des Hundes, so verschieden sind auch die Temperamente. Wer eine wahre Rakete zuhause hat, der sollte eher nach Übungen schauen, die dem Hund zur Konzentration und zu dem gezielten, langsamen (!) Einsatz einzelner Körperteile verhelfen. So lernt er, nicht immer nur hochzudrehen, sondern auch mal ganz konzentriert bei der Sache zu sein. Besonders geeignet sind entsprechend Cavaletti-Einheiten, alle Nasenarbeitsübungen und natürlich die verschiedenen Balance-Trainings.

Hunde, die lieber auf der Couch liegen, statt sich mit Begeisterung in neue Abenteuer zu stürzen, sollten immer sehr kurze Trainingseinheiten bekommen. Hier muss viel animiert und kleinschrittig belohnt werden, damit die Hunde begeistert am Ball bleiben. Für diese Hunde sind alle Übungen geeignet, die in ganz kleine Teilschritte zerlegt werden können und die ein Höchstmaß an Bestätigung mitbringen. Dies ist zum Beispiel bei allen Ideen der Fall, wo der Hund sich sein Spielzeug oder seine Leckerchen durch Sucheinheiten schnell und selbständig verdienen kann.

Die Aktivitäten sollten an Energielevel und Hundealter angepasst sein.

Indoor-Beschäftigungen zur geistigen Auslastung

Viele der nachfolgenden Beschäftigungsideen kann man untereinander oder mit denen aus der Kategorie Fitness kombinieren. Natürlich sind auch Abwandlungen jeglicher Art machbar! Der eigenen Kreativität sind niemals Grenzen gesetzt. Jeder Hund hat individuelle Vorlieben, die man als sein Mensch kennen und akzeptieren sollte. Entsprechend sind alle genannten Spielideen vorrangig als Vorschläge und Grundgerüst für eigene Trainingskonzepte zu verstehen. Grundsätzlich gilt aber, dass man bei allem, bei dem die Hundenase zum Einsatz kommt, nicht unendlich viel dazunehmen muss. Nasenarbeit ist sehr anstrengend für unsere geliebten Vierbeiner und macht sie ordentlich müde. Wenn man hier zusätzlich noch verschiedene oder wackelige Untergründe in die Sucheinheiten einbaut, braucht es nicht noch viel an zusätzlichen Aufgaben für den Tag. Wie immer gilt: Alle Übungen können und sollen dem individuellen geistigen und körperlichen Leistungsstand des Hundes angepasst werden und der Spaß steht immer im Vordergrund.

Geschicklichkeitsspiele selbstgemacht

Es gibt eine Unmenge an Geschicklichkeitsspielen, die man für viel Geld im Handel erstehen kann. Das Prinzip ist hierbei immer dasselbe: Der Hund soll sich mit ein wenig Geschick daranmachen, sein Futter aus einem Spielzeug zu bekommen. Dazu kann er wahlweise die Pfoten oder die Nase einsetzen und im Idealfall braucht er eine ganze Weile, um ans essbare Innenleben

Futter suchen und rauspulen: Das macht Spaß und auch müde.

des Spielzeugs zu geraten. Wer nicht viel Geld ausgeben oder seine Kinder in der kalten Jahreszeit zum Basteln animieren möchte, der kann sich einige der kostenintensiven Intelligenzspiele einfach selber zuhause nachbauen. Hierzu braucht es lediglich ein paar Papierrollen, Küchenkrepp, Kisten mit Altpapier, Socken, Handtücher und leere PET-Flaschen. Schon kann man sich die gängigsten Futterspiele einfach selber basteln und sogar den Schwierigkeitsgrad individuell erhöhen. Natürlich darf das Selbstgebastelte kein Verletzungsrisiko darstellen!

Mehr braucht es nicht, um Hundespiele selber zu basteln.

Vielseitige Papp-Rollen

Papprollen in jeglicher Größe (also z.B. die, auf denen das Küchenkrepp oder Toilettenpapier aufgewickelt war) gehören von nun an nicht mehr direkt ins Altpapier, sondern sollten gesammelt und dann zu tollen Geschicklichkeitsspielen für die Hunde verbastelt werden. Wer dazu noch seine Tages- oder Wochenzeitung sammelt, der kann den Hund schon eine ganze Zeit lang bestens auslasten. Und da die folgenden Denkspiele sehr einfach hergestellt sind, kann man zugleich auch die Kinder des Haushalts in die Vorbereitung integrieren. Das ist vielleicht eher für die Kleineren interessant, die Teenager können aber im Anschluss ans Basteln die Bemühungen des Hundes für Social-Media-Videos aufzeichnen.

Die im Folgenden vorgestellten Einzelideen können bestens miteinander kombiniert werden und das Wohnzimmer (oder den Garten) in einen echten Denk- und Akrobatikparcours verwandeln.

Hunde, die wahllos alles mitfressen, was sich zwischen ihnen und dem Futter befindet, sollten vorsichtig an diese Spiele herangeführt und niemals damit allein gelassen werden. Das gilt sowohl für Selbstgebasteltes als auch für Denkspiele aus dem Handel. Im Zweifelsfall lässt man diese Übungen außen vor.

Um Stress zu vermeiden, sollte man auch bei Hunden, die eine sogenannte Futteraggression mitbringen, nicht ohne Absprache mit einem versierten Trainer an diese Form der Beschäftigung herangehen.

Für Welpen gilt in jedem Fall: Nie ohne Aufsicht! Sie müssen erst noch lernen, was gefressen werden darf und was nicht. Zudem sind sie häufig noch nicht so geschickt in der Handhabung der Spielideen, sodass sie nicht schnell Erfolg haben können. Hier sollte man immer zusammen mit dem Welpen arbeiten, sodass dieser in jedem Fall ans Ziel kommen kann. Zugleich lernt er, dass sein Mensch ihm unterstützend zur Seite steht und im Zweifelsfall hilft, statt ihm etwas wegzunehmen.

Papprollen plus Küchenkrepp und Zeitung gleich Spaß

Eine einfache, aber sehr effektive Art, den Hund zur Fütterungszeit zu beschäftigen: Man nimmt verschieden große Papprollen und verschließt ein Ende mit zusammengeknüllter Zeitung oder Küchenkrepp. Nun lässt man ein paar Futterbrocken hineinrieseln. Dann wird die andere Seite ebenfalls verschlossen. Mehrere dieser gefüllten Rollen werden anschließend im Wohnzimmer, der ganzen Wohnung oder im Garten verteilt und der Hund darf suchen, aufreißen und das Innere fressen. Je weniger Inhalt und je mehr Rollen, umso mehr Spaß und längere Beschäftigung. Und je fester man die Öffnungen mit Krepp oder Papier verschließt, umso mehr muss sich der Hund anstrengen, die Rollen zu öffnen.

Bei diesem einfachen Spiel wird nicht nur die Nase des Hundes gefordert (immerhin muss er die Rollen ja erstmal finden), sondern auch seine Kreativität und sein Mut geschult. Besonders etwas unsichere Hunde profitieren von solchen Aufgaben, da sie gut lösbar sind

Erst warten und dann loslegen mit dem Auspacken.

Erhöhung des Schwierigkeitsgrads: Suchen der verpackten Leckereien in der Zeitungskiste.

und gleichzeitig etwas Mut zum Aufreißen erfordern. Bei Erfolg stärken sie das Selbstbewusstsein aber ungemein. Je weiter auseinander man die Rollen platziert, umso eher bekommt man auch ein bisschen Bewegung ins Spiel, was besonders den älteren Semestern guttut. Bei Hunden, die sich gerade schonen sollen, legt man die Rollen einfach in direkte Reichweite des Vierbeiners, sodass der sich ganz aufs Aufreißen konzentrieren kann.

Profi-Variante: Je aufwändiger man die Rollen versteckt, umso schwieriger und anstrengender wird es für den Hund, sie zu finden. Fangen Sie klein an und legen Sie die gefüllten Rollen in Sichtweite aus. Im nächsten Schritt können Sie sie im ganzen Haus und Garten verteilen und danach sind der Fantasie keine Grenzen gesetzt. Ein paar Rollen kann man in ein Regalfach legen, das der Hund gerade so erreichen kann. Wenn er sich auf die Hinterbeine stellen muss, um an die Beute zu kommen, trainiert das seine Muskeln gleich mit. Auch das Verstecken unter einem Kleiderstapel, in einem Korb mit Handtüchern oder einer mit Papierschnipseln gefüllten Kiste steigert den Schwierigkeitsgrad um ein Vielfaches und regt Konzentration sowie Koordinationsfähigkeit an. Wer einen Teil der Rollen in der Buddelecke des Hundes im Garten mit Erde bedeckt, kann dazu noch das zuvor beschriebene Signal »Buddel-Buddel« weiter festigen und weiter am Aufbau der Vorderkörpermuskulatur arbeiten.

Variation: Um die Frustrationstoleranz des Hundes zu trainieren, kann man Futter und Papprollen sowie Krepp und Papier, das zum Verschließen genutzt wird, über Nacht in einer verschließbaren Kiste lagern. So nimmt das Verpackungsmaterial den Geruch des Futters an und man befüllt nur noch einen Teil (den weitaus größeren allerdings!) mit Futter und verschließt ein paar Rollen ohne Inhalt. So muss der Hund erst rausfinden, in welchen Rollen überhaupt etwas versteckt ist – was er entweder durch den geschickten Einsatz seiner Nase hinbekommt oder eben durch Versuch und Irrtum, indem er trotzdem alle Rollen aufreißt. Dadurch, dass er hier aber nicht immer Erfolg hat, lernt er, dass die Welt nicht untergeht, wenn es mal nicht geklappt hat und er trotzdem weitersuchen und -versuchen muss. Aus dem Grund ist es aber gerade bei jungen Hunden sehr wichtig, dass der weitaus größte Teil der Rollen auch wirklich essbaren Erfolg bringt!

Futter verpacken

Statt das Futter in Papprollen zu stecken und die Enden zu verschließen, kann man auch einfach kleine Päckchen aus Papier basteln, die Futter oder Spielzeug beinhalten. Hierzu eignet sich Zeitungspapier ganz hervorragend, weil es recht groß ist und so dünn, dass man es prima zusammenknautschen und festdrücken kann. Mehrere mit Futter befüllte Päckchen kann man wiederum in einer Kiste mit Papierpäckchen ohne ess- oder bespielbaren Inhalt verstecken. So muss der Hund die befüllten Päckchen raussuchen und diese dann in Ruhe öffnen (was in der Regel auf ein Zerlegen und Zerfetzen hinausläuft). Auch hier wird die Nase des Hundes gut eingesetzt und man fördert zudem die Kreativität und den Mut des Vierbeiners. Je nachdem wie groß die Kiste ist, muss der Hund entweder hineinklettern, um an die Päckchen zu gelangen, oder er wirft die Kiste um, um sie auszuräumen. In beiden Fällen hat man dem Hund Gelegenheit geschaffen, Lösungsstrategien zu entwickeln und keine Angst vor Unbekanntem zu haben.

Variation: Statt in Zeitungspapier kann man das Futter auch in alte Socken stecken, die man fest zusammenfaltet oder -knotet. Auch eine ausgebreitete Decke, auf der man das Futter verstreut und anschließend die Decke zusammenrollt und zu einer Schnecke verdreht, ist eine tolle Variante, um den Hund zu beschäftigen. Es macht zudem richtig viel Spaß, dem Vierbeiner dabei zuzusehen, wie er auf unterschiedlichste Art und Weise versucht, an die Leckereien zu gelangen.

Die oben genannten Vorschläge kann man natürlich auch alle miteinander kombinieren: Drehen Sie doch die befüllten und verschlossenen Rollen zusätzlich noch in Socken ein und rollen Sie diese Päckchen in einem Handtuch zusammen, bevor Sie sie dem Hund präsentieren.

Viel braucht es nicht, um Nase und Köpfchen anzustrengen.

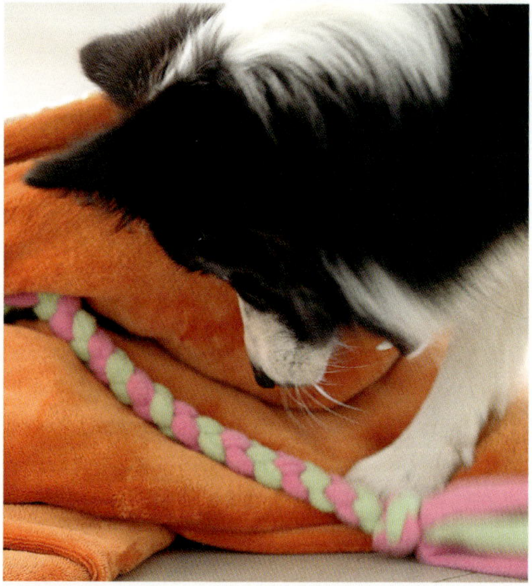

Wäschekorb plus Spielzeug ...

... ergibt ein gutes Suchspiel.

Achtung: Auch hier bitte unbedingt darauf achten, dass der Hund keine komplette Socke, Stofffetzen und Ähnliches verschluckt!

Eine andere Variante ist es, wenn man einen langen, schmalen Stoffstreifen (erhält man zum Beispiel, indem man ein ausrangiertes Bettlaken längs in Streifen schneidet) mit einzelnen Leckerchen präpariert und diese in das Tuch hineinknotet. Das Tuch mit einigen Futterknoten kann man dann nicht nur auf dem Boden auslegen, man kann es z.B. an einem niedrigen Ast draußen aufhängen. Oder man befestigt es im Haus an etwas wirklich Schwerem und fordert den Hund so dazu heraus, seine Beute nicht zu verschleppen, sondern an Ort und Stelle eine Strategie zu entwickeln, um an den Inhalt zu gelangen.

Hier ist es aber besonders wichtig, dass vor allem bei größeren Hunden der Ort zum Festmachen so gewählt wird, dass nichts umfallen und den Hund verletzen kann!

Diese Variante klappt auch sehr gut mit ausrangierten Hosen - da knotet man die Futterbrocken einfach in die Hosenbeine ein und lässt den Hund seinen Spaß haben.

Alle Futterversteckideen können einfach und schnell in ihrem Schwierigkeitsgrad verändert werden, indem man einfach mehr oder weniger Papierrollen nimmt, verschiedene Lagen Stoff drumherum knotet oder/ und Kisten mit mehreren Lagen Papierschnipseln, Papp- oder Stoffresten und zusätzlich natürlichem Material wie Tannenzapfen und dergleichen verwendet. Hier sind der Fantasie keinerlei Grenzen gesetzt und man kann bei Bedarf auch ein ganzes Zimmer oder eine Etage zum Futtersuch- und Spielplatz umfunktionieren.

Futterschnur

Eine besondere Herausforderung stellt für den Vierbeiner alles dar, was sich über ihm in der Luft befindet und dazu noch wackelt. Hier muss man als Hund schon sehr geduldig sein, um an die Leckereien zu kommen, daher ist dieses Spiel eine tolle Konzentrationsübung für Jung, Alt und alles dazwischen.

Man braucht lediglich kleine Papprollen (Toilettenpapierrollen eignen sich hervorragend), einige Leckerchen oder Trockenfutter, eine Schnur (Paketschnur oder Wollfaden) zum Auffädeln der Rollen und etwas, zwischen dem man die Schnur sicher aufspannen kann.

Nun fädelt man die Papprollen auf, legt in jede (jede zweite, dritte ... ganz nach Belieben) einen oder mehrere Futterbrocken und hängt das ganze Konstrukt in einer Höhe auf, die der Hund auf jeden Fall gut mit der Schnauze erreichen kann, ohne sich allzu hoch strecken zu müssen. Bei sehr kleinen und leichten Hunden kann es

Wie kommt man da bloß dran?

Nach ein paar Versuchen klappt es dann.

ausreichend sein, die Schnur zwischen zwei Stühlen aufzuspannen. Bei größeren Hunden sollte man sich auf jeden Fall etwas Stabileres (idealerweise zwei Elemente vom Gartenzaun oder zwei Bäume o.ä.) zum Festbinden aussuchen. Oder es setzen sich zwei erwachsene, möglichst gewichtige Personen auf die Stühle, an denen die Rollen festgezurrt sind. Wichtig ist in jedem Fall, dass das, woran man die Schnur befestigt hat, nicht umfallen und den Hund erschrecken oder gar verletzen kann – und zwar ganz egal, wie viel Enthusiasmus er beim »Leckerchen-aus-der-Luft-Angeln« an den Tag legt.

Dieses Spiel fordert einiges an Konzentration, Überlegung, Körper- und Selbstbeherrschung vom Hund und sollte daher immer so gestaltet werden, dass vor allem junge oder Hunde, die schnell frustriert sind, gut an die Rollen herankommen. Für diese Hunde bitte die Rollen maximal auf Nasenhöhe aufhängen! Fortgeschrittene und Hunde mit hoher Frustrationstoleranz können mit einer etwas höher aufgehängten Schnur gefordert werden. Aber bitte immer noch so platzieren, dass sie sich nur strecken, aber nicht auf zwei Beinen stehen müssen, um alles zu erreichen. Bei der höher angesetzten Variante auch nicht zu viele Rollen aufhängen, das Ganze beansprucht nämlich dann stark die Nackenmuskulatur und es reicht eine kurze Sucheinheit.

Profivariante: Auch hier kann man, um den Schwierigkeitsgrad zu erhöhen, die Enden der Rollen mit Zeitungspapier zustopfen.

Variation: Um einen schönen Effekt für Gleichgewicht, Koordination und Konzentration zu erreichen, spannt man die Schnur auch bei Profihunden nur auf Nasenhöhe, verändert aber den Boden. Man kann verschiedene weiche Kissen, Knisterfolie, raschelnde Tüten, eine Luftmatratze, Balancekissen und vieles mehr unterlegen, sodass der Hund nicht nur oben versuchen muss, die Leckereien zu angeln, sondern zugleich das Gleichgewicht zu halten und verschiedene Bodenstrukturen zu begreifen.

Tipp: *Wer nicht so viele Rollen vorrätig hat oder einen Hund, der sehr schnell Erfolge feiern soll, der kann einfach Hundekekse mit Loch in der Mitte besorgen und diese direkt an der Schnur auffädeln und abknabbern lassen.*

Zum Einstieg nicht zu hoch – die Schnur wackelt auch so schon genug.

Flaschendrehen

Dies ist eine Futterbeschäftigung, die nicht nur das Köpfchen anstrengt, sondern auch die Frustrationstoleranz und die Konzentrationsfähigkeit erhöht. Und wer dieses Spiel schon seinen Welpen (hier bitte immer unter Aufsicht!) spielen lässt, der hat noch einen wunderbaren Nebeneffekt: Der kleine Hund lernt nämlich ganz spielerisch, dass das laute Geräusch einer sich über den Boden bewegenden, gefüllten Flasche total super ist. So bringt das Futter aus der Flasche zu befreien sogleich noch die Gewöhnung an eine laute Geräuschkulisse mit sich.

Was man hierzu braucht ist eine simple Sache: Eine handelsübliche PET-Flasche, von der man aber vorab den Deckel und den Plastikring entfernt. Diese Flasche wird nun zu einem Drittel mit Futter oder Leckerchen (oder einer Mischung aus beidem) befüllt. Das Futter sollte von seiner Größe her so beschaffen sein, dass es auf jeden Fall einfach herausfällt, sobald die Flasche über den Boden kullert. Man stellt die Flasche aufrecht hin und lässt nun den Hund erkunden, was sich in diesem tollen Ding befindet.

Achtung: Bei eher zurückhaltenden Hunden anfangs schauen, dass die Flasche auf eine weiche Unterlage (Teppich) fällt, damit der Vierbeiner sich nicht zu sehr durch das Geräusch erschreckt. Für ängstliche Hunde ist dieses Spiel nicht geeignet!

Profivariante: Die gefüllte Flasche in einer Kiste mit Papierschnipseln oder Wäsche verstecken und erstmal suchen und herausbugsieren lassen.

Variation: Öfter mal zwischen 0,5-Liter-, 1-Liter- und 1,5-Liter-Flaschen wechseln. Im Laufe der

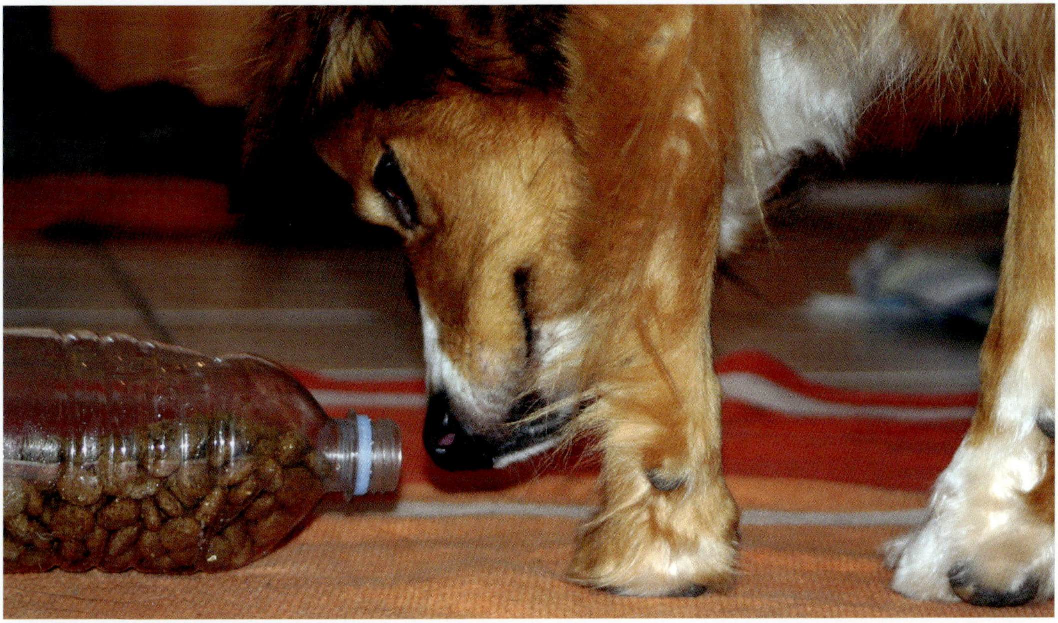

Für unerschrockene Tüftler unter den Vierbeinern ...,

... hier muss man ganz schön arbeiten für jeden Brocken.

Zeit können die Futterbrocken ruhig größer werden, sodass sie nicht mehr direkt aus der Öffnung fallen und der Hund etwas mehr Zeit und Muße investieren muss, um an sie ranzukommen. Aber auch hier gilt: Wenn der Vierbeiner anfängt, auf dem Plastik herumzukauen, ihn dann immer im Auge behalten, ob er Plastikstücke abbeißt und verschlucken könnte oder ob die Flasche scharfkantig wird. In solchen Fällen: Weg mit der Flasche und lieber was anderes nehmen.

Tipp: *Wer lieber etwas Sicheres, Abbiss-festes möchte, das sich zum Befüllen eignet, der findet im Handel eine Vielzahl an tollen Futterspielen. Von Bällen bis hin zu hohlen Discscheiben ist alles dabei.*

Küchenhelfer mal anders

Weil alles, was mit Schnüffeln und Suchen zu tun hat, dem Hund nicht nur Spaß macht, sondern ihn auch geistig wie körperlich ermüdet, hier noch eine Idee, die sich leicht umsetzen lässt:

Ein Muffinblech mit Leckereien befüllen (zur Abwechslung nicht in jede Vertiefung etwas legen, sondern nur in vereinzelte) und dann alle Mulden mit passenden Bällen (Achtung: keine Tennisbälle verwenden, sondern nur hundezahnfreundliche) oder zusammengeknülltem Stoff oder Papier verschließen. Nun den Hund erschnüffeln lassen, wo sich die Leckerchen befinden.

Variation: Wenn man den Hund selber Ball oder Papier herauspulen lässt, damit er ans Gewünschte gelangt, bietet man ihm einen tollen Spaß- und Lerneffekt. Der Vierbeiner lernt, dass sich seine Anstrengung lohnt und er auch mal kreativ werden muss, um ans Ziel zu kommen. Man kann dem Hund hier zudem beibringen, dass er anzeigt, wo er ein Goodie vermutet, und

Einfach, aber effektiv:

Wo ist ein Leckerchen versteckt?

belohnt ihn entsprechend mit der Leckerei, wenn er brav nach Anzeige wartet. In diesem Fall hat man in das reine Suchvergnügen noch zusätzlich einen Erziehungsaspekt gebracht, der zudem die Teamarbeit zwischen Mensch und Tier verbessert.

Tipp
Besonders gut, um Aufmerksamkeit und Selbstkontrolle des Hundes zu schulen ist es, wenn Sie bei einzelnen Spielen üben, dass der Hund auf seiner Decke wartet und zuschaut, während Sie die Leckerlis einwickeln, verteilen oder verstecken. Aber unbedingt beim braven Warten auch zwischendurch hingehen und den Hund auf seinem Warteplatz belohnen!

Eine weitere Variation dieser Beschäftigungsidee ist besonders dann geeignet, wenn man nicht über ein Muffinblech verfügt. Leere Eierkartons sind vom Prinzip her genauso gut und können prima mit Zeitungspapier verschlossen werden.

Profivariante: Einzelne Leckerchen fest in Küchenkrepp, verknotete Socken oder Zeitungspapier einwickeln, in die Mulden vom Eierkarton legen, zusätzlich mit Papier verschließen und den kompletten Karton im Haus verstecken, oder in einem großen, mit Papier und Stoff befüllten Karton, und suchen lassen.

Die simpelste Spielidee für Hunde aller Alters- und Größenklassen ist diese: Futter auf dem Boden verstreuen, einen leichten Teppich oder großes Handtuch darüberlegen und dann schauen, wie der Hund es anstellt, ans gewünschte Gut zu kommen.

Einfache Wohnzimmer-Fitness

Nicht nur »Nase und Grips« lassen sich einfach und ohne viel Aufwand zuhause schulen. Auch viele Fitnessideen lassen sich ohne aufwändiges oder teures Equipment ganz einfach daheim turnen. Um Muskeln zu erhalten oder aufzubauen und um die körperliche Beweglichkeit zu verbessern, kann man die beliebtesten Hundefitness-Einheiten ganz einfach ins heimische

Wenn's mal schnell gehen soll: Futter verstreuen und Decken darüberlegen.

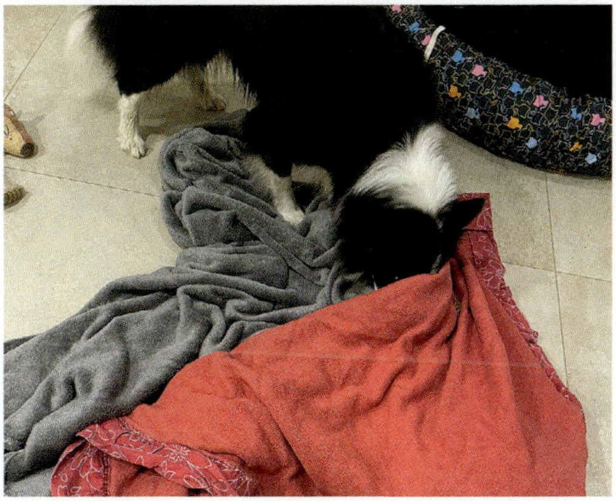

Wohnzimmer verlagern. Neben den eingangs erwähnten Übungen, die jeder zuhause und beim Spaziergang durchführen kann, sind die folgenden besonders empfehlenswert und einfach nachzuarbeiten:

Gemeinsam zum Ziel

In dieser Übung wird nicht nur die Physis des Vierbeiners gestärkt, sondern auch die Zusammenarbeit und das Vertrauensverhältnis von Mensch und Hund verbessert. Für diese Übungsideen steht der Mensch dem Hund nicht nur unterstützend zur Seite, sondern er ist außerdem ein wesentlicher Bestandteil der Übung.

Übung 1:

Dies ist eine Kombination aus Cavaletti-Training und Umrunden. Der Mensch setzt sich auf den

... und Cavaletti ...

Übung 1: Umrunden ...

...ganz einfach kombiniert.

Variation: Drunter ...

... kriechen ...

... und strecken.

Boden und streckt die Beine aus – diese werden dabei so weit gespreizt wie möglich, wobei der Rücken aufrecht bleibt. Ziel ist nun, dass der Hund langsam über die Beine geht, um die Rückseite des Menschen herum und das Ganze mehrfach in jede Richtung wiederholt.

Variation: Stellt man zwischendurch ein Bein (oder auch mal beide) auf, dann muss der Hund sich zusätzlich noch strecken und unter dem Bein/den Beinen durchkriechen.

Mit Topf und Besen hat man sowohl den Elefantentrick ...

... als auch Cavaletti-Übungen abgedeckt.

Übung 2:
Wer sich selbst eher schwer damit tut, längere Zeit auf dem Boden zu sitzen, der kann sich seinen eigenen Fitness-Parcours schnell und einfach aus wenigen Haushaltsgegenständen zusammenbauen. Hierzu braucht es lediglich ein paar Bücher, Töpfe, Blumentöpfe, Becher oder Ähnliches, auf denen man in verschiedenen Höhen ausgeklappte Metermaße oder Besenstangen auslegen kann. So hat man im Handumdrehen Cavaletti-Hürden geschaffen, die es nun für den Hund langsam zu übersteigen gilt.

Bei allen Übungen, bei denen der Hund über Stangen und Ähnliches steigen soll, gilt immer: Er soll langsam oder maximal im Trab darübersteigen. Nie springen!

Wer zusätzlich zu den aufgelegten Stangen noch Hocker, Stuhl oder Ähnliches übrig hat, der kann diese in die Cavaletti-Straße integrieren und vom

Umrunden in der Küche erst mit Hilfe ...,

... dann alleine.

Hund umrunden oder ihn drunter durchkriechen lassen. Bei zwei Hockern kann man den Hund auch eine Acht um diese traben lassen und anschließend geht es über die Cavalettis zurück zum Ausgangspunkt.

Variation: Die Bewegungsstraße kann man selbstverständlich nicht nur in gerader Linie aufstellen. Im Kreis ist ebenso möglich wie im Viereck. Hier legt man die Stangen dann so auf, dass der Hund zum Beispiel zwei Stangen geradeaus geht, sich in einer 8 um zwei Kegel (Töpfe, Hocker etc.) bewegt und zurück nochmal seitlich im Slalom über die Stangen geht. Der Fantasie sind wie gesagt keine Grenzen gesetzt. Sie werden sehen, wie vielfältig diese Übungen sind, wenn man verschiedene Untergründe (Folien, Decken, Kissen, Balance Pads etc.) mit unterschiedlichen Anordnungen der Stangen und zu umkreisenden Dingen kombiniert.

Ein Stuhl, ein Hund ...,

... fertig ist die ...

... Gymnastikeinheit.

Für absolute Profis ist es zusätzlich sogar möglich, einen kleinen Parcours im Rückwärtsgang zu absolvieren.

Das Übersteigen von Stangen ist ein hervorragendes Konzentrationstraining für alle Hunde und schult zudem perfekt das Körperbewusstsein. Wer einmal damit angefangen hat, kann oftmals nicht genug davon bekommen, sodass man schon recht früh darüber nachdenken kann, ob man nicht für kleines Geld im Sportbedarf oder

Egal ob alleine oder zu zweit, vorwärts oder rückwärts: Fitness macht Spaß.

In jedem Haushalt finden sich Utensilien, die genutzt werden können – ein paar Bücher zum Balancieren reichen schon aus.

Spielzeugladen nach ein paar Pylonen mit Löchern in verschiedenen Höhen sowie passenden Stangen Ausschau hält. Diese kommen oft mit einer Tragetasche daher, sodass das Equipment nicht nur platzsparend zu verstauen, sondern auch sehr gut zu transportieren ist, wenn man dann doch mal in der Natur üben möchte.

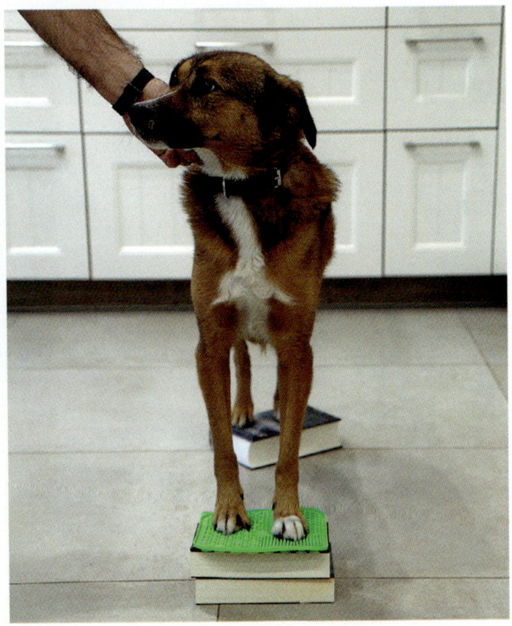

Zupacken ...

... und aufziehen.

Fitness beim Öffnen und Schließen von Tür und Schublade

Fit beim Helfen im Haushalt? Das funktioniert mit den richtigen Übungen nicht nur für uns Menschen, sondern auch bei unseren Vierbeinern. Besonders gut geeignet sind hier Übungen, bei denen der Hund gezielt seine Muskeln spielen lassen muss, dabei aber nicht wild umhertobt. Das ist beispielsweise möglich, wenn man ihm beibringt, eine Schublade zu öffnen. Hierzu sollte der Hund erst lernen, dass ein Zerrspielzeug super-toll ist. Auf ein bestimmtes Signal, wie beispielsweise »Zieh fest!«, soll er das Spielzeug packen und so lange gegenziehen, bis er das Signal fürs Hergeben bekommt. Im nächsten Schritt wird das Zerrseil (man kann auch im ersten Schritt schon ein Tuch oder ein Seil zum Zerren nutzen) an einer leichten Schublade festgebunden. Um den besten und gesündesten Effekt zu erzielen, sollte die Schublade nur so hoch sein wie die Hundeschulter, sodass der Hund beim Ziehen den Kopf gerade zur Wirbelsäule hält. Auf die Aufforderung »Zieh fest!« zerrt der Hund an dem Seil und die Schublade bewegt sich. Anfangs unbedingt darauf achten, dass der Hund nicht zu wild zerrt und schnell sein Signal zum Aufhören bekommt. Falls er eher der ängstliche Typ ist, jede noch so kleine Ziehbewegung an der Schublade bestätigen. Wenn die Schublade geöffnet ist, kann man dem Hund zum Beispiel noch beibringen, etwas aus dieser herauszuholen und zu einem zu bringen. Wer hat noch nie auf dem Sofa gesessen und sich geärgert, weil er wieder aufstehen musste, um die Papiertaschentücher zu holen. Das kann von nun an der Hund erledigen.

Wenn der Hund das Spielzeug nicht hergeben möchte, dann sollte man in den ersten Schritten mit ihm tauschen. Ein höherwertiges Spielzeug oder Leckerchen wird gegen das Zerrseil eingetauscht. So verkündet das Signal zum Hergeben, dass das Loslassen sich in jedem Fall lohnt.

Da man aber natürlich nicht unbedingt immer die Schublade offenstehen lassen möchte, sollte man dem Vierbeiner auch gleich zeigen, wie er sie wieder schließen kann. Dazu eignet sich hervorragend das Anbringen eines Targets, das der Hund mit Nase oder Pfoten drücken soll (siehe Punkt »Target-Training«, Seite 32). Aber aufpassen: Wer sich für die Pfotenvariante entscheidet, der darf sich nicht beschweren, wenn der Lack einige Kratzer abbekommt!

Eine Variante dieser Übung ist es, dem Hund in der oben genannten Art und Weise beizubringen, wie sich Zimmertüren öffnen und schließen lassen. Aber auch hier sollte man sich vorab die Frage stellen: Möchte ich, dass mein Hund weiß, wie man Türen öffnet? Aus diesem Grund immer mit einem Seil, Tuch oder Spielzeug arbeiten, das dem Hund zeigt: Nur daran sollst du ziehen.

Schubs die Flasche

Ob man hier ein Kegelset aus dem Kinderspielzeugbereich nimmt oder einfach PET-Flaschen ist völlig egal. Wichtig ist nur, dass sie sich umschubsen lassen. Mit dieser Übung trainiert man nicht nur den Hals-, Nacken- und Schulterbereich des Hundes, sondern man übt zugleich das gezielte Anstupsen. Für Welpen und zurückhaltende Vierbeiner hat diese Aufgabe außerdem noch einen guten Effekt fürs Selbstbewusstsein: Wer sich traut, Flaschen umzuwerfen, der kann quasi alles erreichen. Verpassen Sie also Ihrem Hund einen echten Booster in Sachen Selbstvertrauen.

TIPP

Achten Sie anfangs darauf, dass die Flaschen auf einem Teppich stehen, auf den sie auch umfallen, damit der Hund sich nicht erschreckt. Wenn das gut funktioniert, können Sie auch ausweichen auf Hartböden, bei denen die Flasche dann einen lauten Ton beim Aufkommen auf den Boden erzeugt – so können Sie vor allem mit zurückhaltenden Hunden und Welpen an einer Verbesserung der Geräuschempfindlichkeit arbeiten.

Die Übung als solche ist denkbar einfach im Aufbau: Stellen Sie mehrere PET Flaschen oder leichte Plastikkegel in einer Reihe oder im Kreis auf, zeigen Sie auf diese und geben Sie dem Hund das Signal zum Anstupsen (»Touch«). Sobald er mit der Nase drangeht, markern Sie das. Im weiteren Verlauf kommt die Bestätigung erst, wenn der Hund mit der Nase so fest gedrückt hat, dass die Flasche fällt. Dann gehen Sie weiter zur nächsten Flasche usw. Um dem ganzen einen noch besseren Fitnessaspekt zu verleihen, stellen Sie die Flaschen in verschiedenen Höhen auf, sodass der Hund mal Kopf und Hals neigen, mal nach oben strecken und mal gerade halten muss, um die Flaschen zu erreichen.

Variation: Nicht nur mit der Nase können Flaschen geschubst werden, auch mit den Pfoten kann der Hund sie umwerfen und dabei die Beweglichkeit seiner Schultern trainieren. Der Übungsaufbau ist dabei genau der, den Sie schon von der Nasenübung kennen.

Profivariante: Um es besonders interessant zu gestalten, variieren Sie innerhalb eines Durchgangs doch mal die Aufgabenstellung: Mal soll mit der Pfote, mal mit der Nase getippt werden – so zeigt sich dann auch, wie gut die Signale für die unterschiedlichen Aufgaben sitzen und der Hund muss sich gleich viel mehr konzentrieren und zuhören. Wenn die Übung dann mit leeren Flaschen gut funktioniert, füllen Sie diese mit Wasser. Machen Sie sie nicht ganz voll, sondern variieren Sie die Wassermengen: Die eine Flasche füllen Sie zur Hälfte, die andere zu einem Drittel usw. Durch das höhere Gewicht erhöht sich der Schwierigkeitsgrad und der Hund muss mehr Kraft einsetzen, um die Flaschen umzuwerfen.

Leichte Kegel zum Umstoßen:

... entweder mit der Nase ...

... oder mit der Pfote.

Sollte das Berühren mit Nase oder Pfote rein auf Signal noch nicht funktionieren, kann man diese Übung perfekt mit einem kleinen Target auftrainieren. Ein Post-it oder gut sichtbarer Klebestreifen sind hier eine prima Wahl.

Gesunde Action beim **Spaziergang**

Was man im Haus an Beschäftigung anbieten kann, das geht natürlich auch in Feld und Flur, hier in abgewandelter Form und immer den äußeren Gegebenheiten angepasst. Wenn es zu nass ist, sollte man aufpassen, dass der Hund nicht ausrutscht, und ihn lieber nicht mit viel Tempo um irgendwelche Bäume schicken. Wenn der Boden gefroren ist, dann sollte der Vierbeiner nicht von einer Bank auf den Boden springen. Und wenn es sehr heiß ist, dann ist es bei jeglicher Betätigung angeraten, sie im Schatten stattfinden zu lassen, nicht in der Mittagshitze durchzuführen und für den Hund immer genügend Wasser dabei zu haben.

Die Natur bietet an fast jeder Ecke etwas, das sich zur gesunden Beschäftigung anbietet und den Hund auf die ein oder andere Weise auslastet. So wird der Vierbeiner nicht nur fit und müde, sondern die Spaziergänge werden um ein Vielfaches interessanter, was sich auch in einer besseren Aufmerksamkeit des Hundes ausdrückt. Wenn der Mensch sich beim Spazierengehen mehr mit dem Hund beschäftigt und ihm interessante Aufgaben gibt, wendet dieser sich seinem Menschen deutlich mehr zu und fragt quasi nach, ob nicht gleich wieder etwas Spannendes passieren wird. So wirft er unterwegs lieber einmal ein Auge auf seinen Menschen, statt nur seiner Nase zu folgen. Besonders für junge Hunde kann man so den Gassigang aufpeppen und zugleich Aufmerksamkeit und Bindung stärken. Und um das alles zu erreichen, braucht es gar nicht viel. Es reichen schon ein paar Bäume, niedrige Mauern, dicke Steine, Äste, Zaunpfähle, Treppenstufen und einsame Bänke,

Immer an ausreichend Wasser denken!

Für unerschrockene Profis: Gitterbänke erklimmen.

um aus einem einfachen Spaziergang einen Abenteuer-Fitness-Spaziergang zu machen.

Einige Übungen, die im Indoor-Kapitel besprochen wurden, können wunderbar nach draußen verlagert werden. Besonders Suchspiele stehen bei vielen Hunden hoch im Kurs und beschäftigen gezielt die Hundenase.

Bei allen Outdoor-Beschäftigungen hat man immer einen guten Fitness-Effekt. Da der Boden überall ein wenig uneben ist und dazu aus unterschiedlichen Belägen besteht (Erde, Steine, Gras, Blätter etc.), ist er für die Vierbeiner immer eine gute Sensorikübung. Vor allem Welpen profitieren davon, wenn sie so viele verschiedene Beläge an ihren Pfötchen spüren, wie nur irgend möglich. Wer die Geschicklichkeit des Hundes

Blätter sind ein großartiger Untergrund für Groß und Klein.

Muskeltraining beim Spaziergang: voran und bergauf.

Es gibt unendlich viele Möglichkeiten, unterwegs ein Training einzubauen.

und seine Balance-Fähigkeiten verfeinern möchte, der gibt dem Hund die Möglichkeit, abseits der Wege in dichtem Bewuchs etwas zu suchen, denn hier geht es für den Hund nur langsam und durch das gezielte Setzen einzelner Pfoten voran. Auf die Ungefährlichkeit des ausgesuchten Weges hat selbstverständlich der Mensch zu achten. Alles, was mit Dornen bewachsen oder mit Müll übersät ist, ist natürlich ungeeignet für das Training.

Besonders effektiv für die Muskulatur des Hundes ist es, wenn er bergauf und bergab geht und trabt. Auch Steh-, Sitz- und Platz-Übungen an einem Hang, bei dem im Wechsel Hinter- oder Vorderbeine erhöht sind, sind großartig, um

Easy darf im Sommer regelmäßig im Hundepool von Caniplace ihre Muskeln fit halten und Spaß haben.

Muskeln aufzubauen und zu erhalten. Wenn man dem Hund dazu noch die Möglichkeit geben kann, regelmäßig zu schwimmen oder zumindest im Wasser zu waten, kann extrem viel an Fitnesstraining aus einem ganz normalen Spaziergang herausgeholt werden.

Dazu noch die ein oder andere der nun folgenden Beschäftigungsideen und Körper und Geist werden topfit gehalten.

Wer seinem Hund nicht immer nur Kekse verstecken will, der kann stattdessen zum Beispiel eine lustige Teebeutel-Suche veranstalten. Hierzu wird der Hund zunächst darin geschult, einen Teebeutel (bitte immer denselben Geruch verwenden) anzuzeigen. Der Start ist ganz klassisch: Teebeutel präsentieren, markern, Leckerchen. Einige Male wiederholen. Dann den Teebeutel hinlegen, sobald sich der Hund ihm zuwendet: Erst markern, dann Leckerchen. Im nächsten Schritt soll der Hund zum Teebeutel gehen und danach wird er dafür bestätigt, wenn er sich vor den Teebeutel setzt. Nun übt man erst in der Wohnung in verschiedenen Räumen und legt den Beutel auch mal erhöht hin, dann geht man über zum Garten. Danach kann man auch in Wald und Flur den ein oder anderen Teebeutel verstecken und suchen lassen. Das lastet Hundenase und -hirn so aus, dass man darauf verzichten kann, noch viele andere Beschäftigungen in diesen Spaziergang einzubauen.

Profivariante

Unterwegs Tannenzapfen aufheben, einige Meter in der Hand halten oder in der Hosentasche mittragen, fallen und suchen lassen.

Suchen, finden …

… anzeigen.

Leckerchen kann man quasi überall gut verstecken.

Manchmal muss man sich ordentlich anstrengen, um ans Futter zu kommen.

Unterstützung vom Menschen ist immer angesagt, wenn es mal etwas schwieriger ist. Im Team ist man sowieso unschlagbar.

Eine der einfachsten Nasen- und Fitness-Übungen ist die folgende: Man lässt den Hund entweder im Sitz, Platz oder Steh warten (so hat man dann auch schon wieder einen Erziehungsaspekt eingebaut, indem man das Bleib festigt und die Impulskontrolle schult). Während der Hund einen beobachtet, versteckt man in der Rinde eines Baumes ein paar Leckerchen, die der Hund anschließend suchen darf.

Hier wird nicht nur die Nase gefordert, sondern je nachdem, wie hoch oder tief man die Goodies im Baumstamm festgeklemmt hat, werden auch verschiedene Muskelgruppen trainiert. Für sehr junge oder sehr alte Hunde, die noch nicht (oder nicht mehr) länger auf den Hinterbeinen verharren können, reicht es schon, wenn man Futterbrocken unter herbstlichem Laub verteilt. Es ist beeindruckend, wie glücklich und müde solch unscheinbare Suchaufgaben den Hund machen können. Eine Variation dieses einfachen Suchspiels ist das Einklemmen von Futter in einem kleinen Spalt auf der Rückenlehne einer Bank. Hier erlebt man mitunter interessante Herangehensweisen der Vierbeiner, um an das Futter zu gelangen.

Tipp: *Statt Futter kann auch immer ein Spielzeug oder ein Futterbeutel verwendet werden. Beides kann man auch gut an Stellen verstecken, die für den Hund unerreichbar sind: Der Vierbeiner muss hier nochmal ganz anders suchen und lernt anzuzeigen, wo sich das begehrte Gut befindet. Der Mensch lobt natürlich überschwänglich für Suchen, Finden und Anzeigen. Belohnt wird der Hund dann damit, dass mit dem, durch den Mensch aus der Höhe geretteten Spielzeug, ordentlich getobt bzw. aus dem Futterbeutel gefüttert wird. Solche Übungen verbessern die Teamarbeit und fördern Bindung und Zusammenarbeit von Mensch und Hund.*

Je höher, umso schwieriger ...,

... aber nicht unmöglich.

Strandurlaube sind perfekt, um Trainingseinheiten einzubauen.

Überall finden sich Möglichkeiten ...,

... etwas zu umrunden.

Aber nicht nur suchen und finden sind gut für Körper und Geist. Auch Übungen auf Distanz sind wertvoll für die Auslastung des Hundes. Wer mit dem Vierbeiner schon im Wohnzimmer geübt hat, dass er etwas **umrundet**, der kann das auf seiner Gassirunde perfekt einbauen, um ein bisschen Action anzubieten. In kleiner Entfernung angefangen, steigert man diese ganz langsam, bis der Vierbeiner auch über ansehnliche Strecken auf das Signal »Voran und rum« einen Baum, einen Heuballen oder einen Zaunpfahl umrundet und wieder zurückkommt. Man kann natürlich auch diverse Signale wie Steh, Platz und Sitz einbauen, die der Hund, angekommen bei dem zu umrundenden Objekt, zeigen soll, bevor er wieder zum Menschen läuft. Mit dieser Übung tut man nicht nur Gutes für den Hundekörper, sondern man arbeitet auch gleichzeitig am Fokus auf den Menschen, an der Distanzkontrolle und am Rückruf.

Unterwegs finden sich allerhand Möglichkeiten, um das Gleichgewicht zu schulen.

Je kleiner die Fläche, umso schwieriger das Draufkommen und Bleiben.

Balancieren und so die Körperwahrnehmung zu schulen, ist in freier Natur fast überall möglich. Egal, ob abgesägte Baumstämme, flache Baumstümpfe oder verschieden große Steine, ein Naturparcours ist überall. Den Hund über etwas balancieren oder ihn auf etwas hüpfen zu lassen, auf das er kaum passt, in beiden Fällen noch Übungen wie Pfote geben, Sitz und Platz oder Männchen machen zu integrieren, ist ein großartiges, ganzheitliches Training.

Aufpassen sollte man hier aber immer, dass der Hund nicht abrutschen oder runterfallen kann – der Mensch läuft stets nebenher und hält den Vierbeiner im Zweifelsfall unterstützend am Brustgeschirr oder leicht am Halsband fest.

Auf einem Baumstamm balancieren erfordert Geschick, Mut und ein gutes Körpergefühl.

Üben mit mehreren Hunden: Einer bleibt, der andere kriecht.

Nasse Baumstümpfe oder das Klettern auf Baumstammpyramiden sollte aus Sicherheitsgründen immer vermieden werden. Nasse Untergründe sind generell zu rutschig, um sicher darauf zu turnen. Speziell die aufgeschichteten Baumstämme bergen immer das Risiko, dass sie ins Rollen geraten, wenn der Hund sich auf ihnen bewegt. Bei allem Spaß muss die Sicherheit stets im Vordergrund stehen.

Anfangs kleinschrittig belohnen und neben dem Hund bleiben!

Nachwort

Sie haben in den vorhergehenden Kapiteln gesehen, dass es nicht viel braucht, um den Hund zu fordern und zu fördern. Im Prinzip ist beim Spaziergang alles und noch viel mehr möglich, das man auch im Haus an Übungen und Ideen für einen fitten Hundekörper und -geist durchführen kann. Maßgeblich ist immer, dass der Vierbeiner sich nicht verletzen und der Aufgabe von Konzentrationsfähigkeit und Körperbau her gerecht werden kann. Im Grunde kann man aus allem, worauf der Hund stehen, gehen und sich ausbalancieren muss, eine Kombinationsübung mit typischen Tricks und Erziehungseinheiten machen. Auch das Drehen um die eigene Achse, um Gegenstände oder den Menschen ist immer und überall machbar. Wenn man dazu noch die Nase auslastet, auf ein gutes Warm-up achtet und auf Ballwurfspiele verzichtet, bei denen der Hund wild losrennt, um dann aus vollem Lauf zu stoppen, dann hat man schon sehr viel dafür getan, den Hund geistig und körperlich fit und gesund zu halten.

Und auch für den Menschen bietet es jede Menge Vorteile, sich gedanklich damit auseinanderzusetzen, wie der Hund gesund beschäftigt werden kann. Man übt sich nämlich nicht nur in Kreativität, sondern lernt im Laufe der verschiedenen Übungen vor allem, wie der eigene Hund eigentlich tickt, wenn er neue Aufgaben gestellt bekommt. Als Mensch lernen wir, mit welcher Strategie unser Hund versucht, ans Ziel zu kommen. Wir lernen etwas über seine Fähigkeiten im Bereich der Körperwahrnehmung und der Lösung von Denkaufgaben. Und wir üben uns vor allem darin zu erkennen, wann er unsere Unterstützung braucht und welcher Lerntyp er eigentlich ist. Zudem verbessert sich mit jeder gemeinsam gelösten Aufgabe die Bindung von Mensch und Tier. Durch die unterschiedlichen Aufgaben werden auch die erzieherischen Bemühungen spürbar besser, da Mensch und Hund immer weiter zusammenwachsen und mehr aufeinander achten.

Was auch immer Ihr Interesse an diesem Buch geweckt hat: Ich hoffe, Sie konnten einiges an Ideen mitnehmen, die Sie nun in der für Ihren Hund besten Weise ausprobieren und bewältigen.

Viel Spaß beim gemeinsamen Training und auf eine spannende, gesunde Zeit.

Ihre,

Nicole Röder

Autorenportrait

Nicole Röder

ist Diplom-Pädagogin, Hundetrainerin, Hundefitness-Coach und Autorin. Seit 2002 beschäftigt sie sich mit Lehr- und Lernprozessen bei Mensch und Hund. Vor allem mit ihren Border Collies war und ist sie im Hundesport aktiv und nimmt an zahlreichen Wettbewerben im Agility und Rally Obedience teil. Den Hund vom Welpen bis ins hohe Alter geistig und körperlich fit zu halten, ist ihr ein besonderes Anliegen.

Nicole hat zudem ein Faible für die spezielle Bindung zwischen Mensch und Hund und hierzu bereits mehrere Bücher veröffentlicht. Auch schreibt sie regelmäßig Fachartikel zu hundebezogenen Themen. Ihre Schwerpunkte sind die Ausbildung des Hundes zum alltagstauglichen Begleiter, sowie die körperliche und geistige Auslastung und Beschäftigung, besonders von Hütehunden.

Danke

Während das Schreiben an sich ein eher einsamer Akt ist, so ist das Drumherum bei einem Hundebuch umso emsiger. Die Idee zu einem solchen Ratgeber entsteht nur dadurch, dass man in der Praxis mit Mensch und Hund zusammenarbeitet und durch jedes individuelle Team inspiriert wird. Insofern möchte ich mich bei allen Zwei- und Vierbeinern bedanken, die jede meiner neuen Ideen im Training nicht nur hinnehmen, sondern auch immer wieder toll umsetzen. Vielen Dank an jeden einzelnen!

Claudia König gebührt wieder Mal ein besonders großes Dankeschön. Nichts ist befreiender, als wenn man ganz in Ruhe an einem solchen Projekt arbeiten kann und dabei jede Unterstützung von Lektorin und Verlag erhält. Vielen, vielen Dank!

Vielen Dank auch an Dagmar Pilzecker, die mit ihrem Hundeparadies »Caniplace« einen wunderbaren Ort für Mensch und Hund geschaffen hat. Hier kann man sich so richtig austoben, entspannen und alle Beschäftigungs- und Trainingsideen in Ruhe umsetzen.

Ein solches Buch ohne Fotos? Undenkbar! Meinen vier- und zweibeinigen Models möchte ich an dieser Stelle auch ein großes Lob und Danke aussprechen. Vor allem danke, danke, danke an meinen Mann, der sich auch kurzfristig und trotz anderer Pläne immer wieder als Model zur Verfügung stellt und mir bei all meinen hundespezifischen Abenteuern und Ideen immer und immer wieder geduldig zur Seite steht – ohne Dich wäre das alles so nicht möglich. Danke!

Zu guter Letzt hier noch ein spezielles Dankeschön an Anna und Michelle Kleber: Anna für tolle Fotos und konstruktive Kritik im Training. Und Michelle dafür, dass sie mir im Hundezentrum Saarburg die Möglichkeit gibt, meine Leidenschaft für Hundefitness und -beschäftigung auszuleben. Mädels, ihr seid einfach spitze!

caniplace
Freizeit- &
Gesundheitspark
15.000 m² Hundeglück,
365 Tage Abenteuer!
Hier ist Mensch-Hund-Zeit
54424 Thalfang • Mobil (0173) 714 64 28 • www.caniplace.eu